# 从零开始
# 读懂心理学

雷云龙—————编著

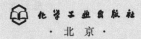

化学工业出版社

·北京·

**图书在版编目（CIP）数据**

从零开始读懂心理学 / 雷云龙编著. -- 北京：化
学工业出版社，2025. 5(2025. 11 重印). -- ISBN 978-7-122-47744-6

Ⅰ. B84-49

中国国家版本馆CIP数据核字第20253RE623号

责任编辑：葛亚丽　　　　　　　　装帧设计：王　婧
责任校对：李露洁

出版发行：化学工业出版社
　　　　　（北京市东城区青年湖南街13号　邮政编码100011）
印　　装：涿州市般润文化传播有限公司
880mm×1230mm　1/32　印张7½　字数150千字
2025年11月北京第1版第2次印刷

购书咨询：010-64518888　　　　　　售后服务：010-64518899
网　　址：http://www.cip.com.cn
凡购买本书，如有缺损质量问题，本社销售中心负责调换。

定　　价：48.00元　　　　　　　　版权所有　违者必究

# 前　言

　　心理学广阔而神秘，它探索着人类最深奥的思想和最微妙的情感；心理学简单而直接，它揭示了人类日常行为背后的普遍规律。希望这本书，能成为一扇窗，透过它，我们能发现自己心灵深处的奥秘，同时也能洞悉自己行为的简单逻辑。

　　心理学的发展史，如同一幅跨越时空、色彩斑斓的画卷，它不仅见证了人类对自我认知的不断深化，还反映了不同历史时期的文化、哲学和科学思想的变迁。从古希腊哲学家们的深邃思考，到现代心理学的科学实证，这一历程充满了探索、争议和突破。

　　在本书中，我们将穿越时间的长河，与历史上最伟大的思想家们并肩而行，一同挖掘那些塑造了我们对自我、意识和心理认知理解的深刻洞见。

　　心理学的世界如同一座宝库，充满了无尽的奥秘和可能性。它的八大主流派别，就像是八扇不同的窗户，为我们提供了观察人类行为复杂性的独特视角。

结构主义和机能主义，这两大流派在心理学早期发展中占据了重要地位，像是两盏明灯，照亮了我们对意识内在结构和心理过程适应性的理解。

行为主义则强调只关注可观察的行为，这一流派在心理学史上产生了深远影响，推动了心理学向实证科学的方向发展。

格式塔心理学，又称完形心理学，强调心理现象的整体性和不可分割性。

精神分析、人本主义、认知心理学和生物心理学，这些派别不仅在学术上各领风骚，更在现实生活中有着广泛的应用。它们帮助我们理解自己，改善人际关系，提升工作效率，甚至在艺术创作和文化理解中发挥着重要作用。

在阅读这本书的过程中，你会遇到许多有趣的故事。例如，一个对电子世界充满好奇的少年，如何成长为改变世界的科技巨头；一位在失恋和悲痛中找到自我价值和力量的女性，如何成为科学界的传奇；还有许多发生在我们日常生活中的心理学现象案例……通过分析这些案例，我们可以更加深入地理解心理学如何影响着人们的决策和行为。

本书不仅是一本科普书，更是一本关于生活的完美指南。在这里，你将学会如何倾听内心的声音，如何面对和解决内心的冲突，如何通过自我实现来达到心灵的和谐与平衡。这本书带给我们的不仅仅是一次知识的积累，更是一次心灵的成长。它让我们在理解心理学原理的同时，更加深刻地认识到自己的内心世界和外在环境之间的联系，学会如何运用心理学的智慧去应对生活中的各种挑战和困境。这种成长是全方位的，既包括了认知上的提升，也包括了情感上的丰富和深化。

　　这本书是为所有对心理学感兴趣、但可能没有专业背景的朋友们精心准备的，以浅显易懂的语言，将复杂的心理学概念和理论与生动有趣的故事和案例相结合，让没有心理学基础的读者也能够轻松理解，并在阅读中潜移默化地掌握心理学的精髓。

　　最后，亲爱的读者朋友们，邀请大家随本书一起踏上这场心灵的蜕变之旅。每一次翻页，都是对自我更深层次的探索。愿你们在这本书的陪伴下，找到属于自己的心灵之光。

# 目 录

## 第7章　人性的 AB 面：揭秘经典的心理学实验

# 第 1 章
## 心理学发展史

## 古希腊时期

⊙ 公元前 5 世纪：柏拉图和亚里士多德探讨灵魂与心理，为心理学的哲学基础奠定了基石。

## 17 世纪

⊙ 1641 年：笛卡尔出版《第一哲学沉思集》，提出了身心二元论，对心理学领域关于意识和身体关系的理解产生了深远的影响。

## 18—19 世纪

⊙ 1796 年：弗朗茨·加尔提出颅相学。这一学说虽然最终被证明存在错误，但它确实开启了对人脑功能定位的探索，对后来的神经科学和心理学研究产生了重要影响。

⊙ 1879 年：威廉·冯特在德国莱比锡大学创建了世界上第一个心理学实验室，这一事件标志着心理学作为一门独立实验学科的开始。

## 20 世纪初

⊙ 1900 年：弗洛伊德的《梦的解析》出版，这部著作的出版标志着精神分析学派的兴起。精神分析学派强调潜意识的作用和心理冲突的存在，为人们认识自我、探索心灵世界提供了新的视角和方法。

⊙ 1913 年：约翰·华生发表《行为主义者眼中的心理学》，标志着行为主义心理学的诞生。行为主义心理学主张心理学应只研究可观察的行为，采用客观的实验方法来研究行为。

## 20 世纪初—20 世纪 30 年代

⊙ 1912—1922 年：卡尔·荣格发展分析心理学，提出集体无意识和原型理论。

⊙ 30 年代：让·皮亚杰开始研究儿童认知发展，奠定了发展心理学的基础。

## 20 世纪四五十年代

⊙ 1943 年：亚伯拉罕·马斯洛加入美国心理学会，后来提出需求层次理论。

⊙ 1952 年：诺曼·文森特·皮尔的《正面思考的力量》出版，在积极心理学的早期发展过程中产生了显著影响。

## 20 世纪五六十年代

⊙ 20 世纪五六十年代：人本主义心理学在美国兴起，并逐渐成为心理学领域的一股重要力量。这一学派由卡尔·罗杰斯和亚伯拉罕·马斯洛等人领导，他们强调个体的自我实现，提出了一系列关于人性、自我和潜能的重要观点。

## 20 世纪七八十年代

⊙ 70 年代：认知心理学作为一个研究领域开始逐渐占据主流地位。认知心理学专注于研究人类的思维、记忆、知觉、问题解决以及学习等高级心理过程。

⊙ 80 年代：认知行为疗法（CBT）的发展是心理学领域的一

项重要成就，它结合了认知论和行为主义的理论，为治疗心理障碍提供了科学而有效的方法。

## 21世纪

⊙ 21世纪初：正念和冥想在心理学中的应用显著增加，这一趋势反映了心理学界对当下意识和自我调节重要性的日益认识。

⊙ 21世纪初：神经心理学和认知神经科学经历了快速发展，这些领域的研究者广泛使用了脑成像技术来深入探究心理过程。

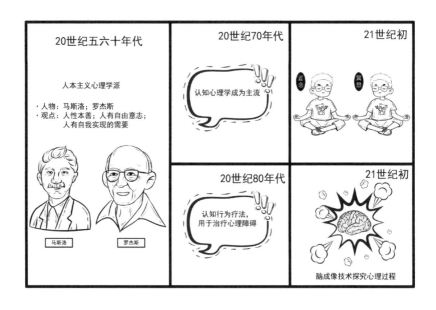

# 第 2 章

## 心理学八大主流派别及其核心观点

# 2.1　结构主义：强调通过内省法研究意识结构

> 心理学是从经验出发的科学，而经验是通过观察获得的。
>
> ——威廉·冯特

## 威廉·冯特其人

威廉·冯特被誉为"心理学之父"，是心理学作为一门独立学科的奠基人。1879 年，他在德国莱比锡大学建立了世界上第一个心理学实验室，致力于通过实验方法研究意识的结构。这一举措具有划时代的意义，因为它标志着心理学开始从哲学中分离出来，成为了一门可以通过实验方法进行研究的独立学科。

心理学中的结构主义由威廉·冯特提出，并由他的弟子爱德华·铁钦纳进一步发展和完善。

威廉·冯特（Wilhelm Wundt,
1832—1920），
德国生理学家、心理学家、哲学家，
被公认为实验心理学之父

看来贫穷真的可以改变一个人！
从此，威廉·冯特开启了自己
的开挂人生，直到85岁才退休

·实验心理学创始人
·认知心理学创始人
·构造主义奠基人

影响深远

1879年在莱比锡大学创立了世界上
第一个专门研究心理学的实验室

一生著作颇丰，涉猎广泛，
影响了整整两代人

弟子众多

下一站，　翻身！

在我小的时候，并没有表现出
过人的天赋，直到大一的时候，
贫穷的家境终于深深刺痛了我！

大家好，我是威廉·冯特，我的头衔太多，
一句话介绍不了我自己！

冯特的心理学思想在1923年之后
影响甚微，被新兴心理学流派
逐渐取代

## | 超时空虚拟采访 |

冯老师好，我是这次跨时空专访的主持人雷云龙，
您叫我小雷就行，我的第一个问题是：听说您小时候特
别喜欢做白日梦？您可以具体讲讲吗？

问
题
一

年轻人，梦想还是要有的。你看，我不就实现了吗？

注释：威廉·冯特拥有很好的基因，父母双方的家族中人才辈出，
然而幼年的威廉·冯特却是一个胆小孤僻、学习成绩很差的学生，最大
的爱好就是上课的时候做白日梦。

直到 19 岁那年父亲病故，窘困的家境终于让威廉·冯特彻底醒悟，开始发奋学习，冯特的努力使其破茧成蝶，势不可挡，取得了显著的成就。

问题二

冯老师，听说您小时候不学无术，胆小孤僻没朋友，但是大学期间却发生了戏剧性的转变，其中的原因是什么呢？

谁说我没朋友？只不过他们智力有点问题。至于为什么发生这么大的转变，原因也很简单：

# 家道中落了！

注释：大学期间，威廉·冯特的父亲离世，使他意识到不能再浑浑噩噩地过下去。同时他意识到家庭的经济状况无法支撑他完成大学学业，由此幡然悔悟，强大的家族基因助他一路逆袭。

问题三

冯老师，听说您大学期间学的是医学专业，有一次为了研究食盐对身体的影响，您连续几天严格控制食盐的摄入量，导致身体紊乱。请问您的结论是什么？

# 还得吃盐！

## 结构主义心理学

关于心理学中的结构主义，威廉·冯特曾用一个简单的小故事来阐释其核心概念。

在一个遥远的国度，有一个非常著名的画家，他以画马而闻名。他画的马栩栩如生，非常受欢迎，人们纷纷前来购买。

有一天，一位年轻的心理学家来到画家的工作室，想要了解画家是如何创作出如此形神逼真的好作品的。画家微笑着带他走进了工作室的深处，那里摆放着许多小画板，上面画着各种各样的线条和形状。

画家指着这些小画板说："看，这些是我用来构建马的每一个部分的基本元素。有的线条代表马的肌肉，有的代表骨骼，有的代表毛发。我通过研究和分析这些基本元素，然后将它们组合起来，最终形成了一幅完整的马的画作。"

年轻学者恍然大悟，他意识到，画家之所以能够创作出如此生动的画作，是因为他深入地研究了马的每一个基本组成部分，并将它们以正确的方式组合起来。

画家接着说："这就像你们心理学家研究意识一样。你们试图通过分析意识的基本元素，来理解整个心理结构。只有深入理解了这些基本元素，才能揭示出心理的复杂性和丰富性。"

远在牛津大学主修古典文学和哲学的爱德华·铁钦纳听闻了冯特分享的故事，被心理学深深吸引，毫不犹豫地前往德国莱比锡，拜威廉·冯特为师。

铁钦纳深受冯特的影响，学成之后，将冯特关于意识可以通过实验方法研究的观点带到美国，并在康奈尔大学建立了自己的实验室。

铁钦纳的智慧、严谨和对心理学的热爱，让他的实验室成为了一个既幽静又神秘的地方，吸引着无数渴望探索心灵世界的人们前来探寻。一天，阳光透过窗户，洒在了满是书籍和仪器的房间里，铁钦纳正专注地研究着一份复杂的心理实验报告。

突然，门被轻轻敲响，一个名叫汤姆的学生，探头进来，带着一丝敬畏和好奇问道："铁钦纳教授，我听说您的实验室可以揭示心灵的秘密，这是真的吗？"

铁钦纳抬起头，眼中闪烁着光芒，微笑着回答："汤姆，我们的心灵就像是一本厚重的书，每一页都充满了未知。我的工作，就是教你们如何去阅读它。"

汤姆兴奋地走进实验室，四处张望着那些复杂的仪器和贴满图表的墙壁。"但是教授，我该怎么做呢？"

铁钦纳站起身，走到一个装满各种感觉测试工具的桌子旁，拿起一个小巧的物体："首先，我们需要训练自己的内省能力。就像艺术家学习观察光线和色彩一样，你要学会观察和描述自己内心的每一个细微变化。"

汤姆被这个新奇的概念深深吸引，他迫不及待地想要尝试。"那我们现在就开始吧，教授！"

铁钦纳点了点头，递给汤姆一个舒适的眼罩："戴上这个，我们要开始第一个实验——感觉剥夺。这将帮助你专注于内心的声音，而不是外界的干扰。"

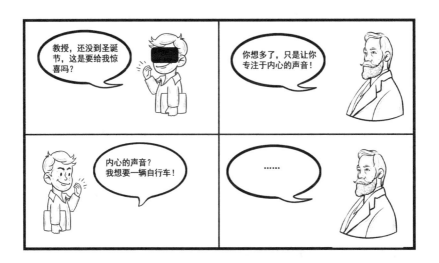

汤姆戴上眼罩，四周顿时陷入一片黑暗。在这片黑暗中，他开始感受到一种前所未有的宁静，然后是一系列奇异的感觉开始涌现。他尝试描述这些感觉，而爱德华则在一旁认真地记录着。

实验结束后，汤姆摘下眼罩，眼中闪烁着兴奋的光芒："教授，我感觉到了一些我从未注意过的东西，这真是太神奇了！"

铁钦纳笑了："这只是冰山一角，随着时间的推移，你将学会如何将这些基本的感觉元素组合起来，理解它们是如何构成我们复杂的心理状态的。"

在康奈尔大学的实验室里，爱德华·铁钦纳和他的学生们一起，用他们的智慧和热情，一点一滴地揭开了人类心灵的神秘面纱。

爱德华·铁钦纳提倡使用内省法来研究意识，他训练参与者在严格控制的实验条件下，对自己的心理体验进行详细的观察和报告。他认为，意识可以被分解为基本的元素，如感觉、意象和情感，可以通过识别和将这些元素进行分类，来研究它们是如何组合在一起形成复杂心理状态的。

比如在心理咨询中解释一个人心理问题的时候，不是在说这个人有什么问题，而是这个人身上部分结构（也许是某种人格缺陷，或者是记忆缺失）出了问题，再对症下药解决问题。

随着结构主义在铁钦纳的研究下进一步发展，铁钦纳在康奈尔大学创立了世界上第一个心理学派——构造主义学派，标志着心理学作为一门独立科学的进一步发展。

## 2.2　机能主义：强调心理过程的适应性和功能性

"人的难题不在于他想采取何种行
动，而在于他想成为何种人。"

——威廉·詹姆斯

### 威廉·詹姆斯其人

威廉·詹姆斯（William James，
1842—1910）。
美国心理学之父，美国本土第一位
哲学家和心理学家，
1904年当选美国心理学会主席

1869年，获哈佛大学医学博士

威廉·詹姆斯，
2006年被《大西洋月刊》
评选为影响美国的100位人物
（第62位）

毕业后，受德国决定论哲学思想
的影响，一度患上抑郁症，
认为生命毫无意义。之后相信
自由意志的存在，病情开始好转

1877年，威廉·詹姆斯成立了一个
比较正式的供教学演示的心理实验室，
比冯特于1879年在德国莱比锡大学
建立的世界第一个正式的心理实验室
（供科学研究）还早两年

## 机能主义心理学

机能主义心理学是 19 世纪末至 20 世纪初在心理学领域兴起的一种学派，它对当时占据主导地位的构造主义心理学进行了革新。机能主义强调心理过程的功能性角色，关注心理现象如何适应并服务于个体行为，以及个体如何通过这些心理过程适应环境。

在一个寒冷的夜晚，威廉·詹姆斯坐在其芝加哥的书房中，壁炉里的火光映照着他沉思的脸庞。他手中不停地翻阅着达尔文的《物种起源》，内心产生了一个设想："如果心灵也能像生物一样进化，适应环境，那会怎样？"他站起身，走到窗前，凝视着夜空中闪烁的星星，仿佛在寻找答案。

就在此时，一个灵感在他脑海中闪现。他迅速回到书桌前，拿起羽毛笔，蘸上墨水，在羊皮纸上写下了"机能主义心理学"这几个字。他非常激动，相信这将是心理学研究的一个新起点。

与此同时，在哥伦比亚大学的图书馆内，约翰·杜威正沉浸在书海中。他的目光在实用主义哲学的书籍间游移，直到一篇关于反射理论的文章吸引了他的注意。杜威的心中涌现出一个大胆的想法：如果将实用主义与心理学结合，会擦出怎样的火花？

1896 年春，杜威在《心理学杂志》上发表了他的论文《在心理学中的反射弧概念》。这篇文章如同一颗石子投入平静的湖面，激起了学术界的层层涟漪。它不仅引起了学术界的广泛关注，也标志着机能主义心理学的正式成立。

⊙ 机能主义心理学以实用主义为哲学基础，强调心理现象的实用性和效果，主张心理学的研究对象是心理活动，如记忆、知觉等，并强调这些活动在适应环境和指导行为中的作用。

## 2.3　行为主义：强调可观察的行为

"给我一打健全的婴儿，我可以保证，在其中任意选出一个，就可以将他训练成为我所选定的任何类型的人物——医生、律师、艺术家、商人，

或者乞丐、窃贼，不用考虑他的天赋、
倾向、能力，祖先的职业与种族。

——约翰·B·华生

## 约翰·B·华生其人

行为主义心理学由美国心理学家约翰·布鲁德斯·华生在 1913
年提出。

华生认为心理学研究的对象不是意识而是行为，心理学的研
究方法必须抛弃"内省法"，而代之以自然科学常用的实验法和观
察法。

约翰·B·华生（John Broadus Watson,
1878—1958）
是美国心理学家，行为主义心理学
的创始人。1915年当选为
美国心理学会主席

受原生家庭影响，
华生个性鲜明，
曾经的问题少年

风度翩翩，被誉为最帅的心理学家

我是一个毁誉参半的人，
但在心理学史上，绝不容忽视！

1920年从商，利用行为主义的
方法进行广告宣传，
一跃成为广告大师

广告
大师

震惊世界的小艾伯特实验

## ｜超时空虚拟采访｜

华生老师您好，您曾经说过："给我一打健全的婴儿，我可以保证，在其中任意选出一个，就可以将他训练成为我所选定的任何类型的人物——医生、律师、艺术家、商人，或者乞丐、窃贼，不用考虑他的天赋、倾向、能力、祖先的职业与种族。"
我想知道，您的育儿理念成功了吗？

我的"哭声免疫法"确实失败了，我的目的是培养坚强不依赖父母的孩子，结果却很糟糕。

注释：华生的大儿子雷纳在30多岁时自杀，女儿也患有严重的心理疾病，多次自杀未遂，幼子则无法融入正常的社会，选择了流浪的生活。

### 行为主义心理学

在 20 世纪初的美国，心理学界正酝酿着一场变革。约翰·B·华生，一位雄心勃勃的年轻心理学家，决心打破传统，寻求一种全新的理解人类行为的方式。

一天，一位名叫华生的年轻心理学家正坐在他的办公室里，眉头紧锁地翻阅着一堆内省心理学的报告。这些报告充满了主观的描述和模糊的术语，让他感到既困惑又沮丧。华生渴望找到一种更客观、更科学的方法来研究人类行为。

就在这时，他的助手急匆匆地跑进来，手里拿着一份实验报告。"华生博士，您看这个！"助手兴奋地说。华生接过报告，上面记录了一只白鼠在迷宫中的表现。白鼠在经过几次尝试后，很快就找到了通往食物的最短路径。

华生的眼睛一亮。他意识到，白鼠的行为模式是可观察、可测量的，这不正是他一直在寻找的客观研究方法吗？他决定放弃那些模糊的内省报告，转而专注于研究像白鼠这样的动物行为。

华生开始设计一系列实验，用简单的刺激来引发动物的特定反应。他发现，通过改变刺激的类型和频率，他可以预测并控制动物的行为。这让他坚信，人类行为也可以用同样的方式来研究。

然而，华生的实验引起了一些同行的质疑。他们认为，忽视人的意识和情感，只关注外在行为，是片面的。但华生不为所动，他坚信自己的研究方向是正确的。

一天，华生在实验室里观察白鼠时，突然有了一个大胆的想法。他决定将行为主义理论应用到人类身上。他开始在孤儿院进行实验，观察孩子们在不同环境下的行为表现。他发现，孩子们的行为受到环境因素的影响，而这种影响是可以预测和控制的。

1913年，华生在《心理学评论》上发表了一篇划时代的论文，题为《一个行为主义者所认为的心理学》。在这篇论文中，他提出了行为主义心理学的基本原则：心理学的研究对象应该是可观察的行为，而非主观的意识。

【约翰·B·华生经典语录】

◆ "环境改变的程度越高，则人格改变的程度也越高。"

这句话进一步强调了环境对人格形成的重要性。

◆ "每个人都有一个与躯体相分离的独特的灵魂。"

尽管华生是行为主义心理学的代表人物，但他也承认个体具有某种独特的内在体验。

◆ "长时期地对行为进行密切观察，是我们对人格做出结论的唯一方法。"

华生强调了对行为进行长期、细致观察的重要性。

◆ "你的过去我不愿过问，那是你的事情。你的未来我希望参与，这是我的荣幸。"

这句话虽然并非直接涉及心理学理论，但体现了华生对个体自主性和未来可能性的尊重。

## 2.4　格式塔心理学：强调心理现象的整体性

格式塔心理学，又称为完形心理学，是 20 世纪初在德国兴起的一个心理学流派，其核心观点是强调心理现象的整体性，即整体不等于并且大于部分之和。这一学派的创始人包括马克斯·韦特海默（Max Wertheimer）、库尔特·考夫卡（Kurt Koffka）和沃尔夫冈·科勒（Wolfgang Köhler）。

## 格式塔心理学创始人

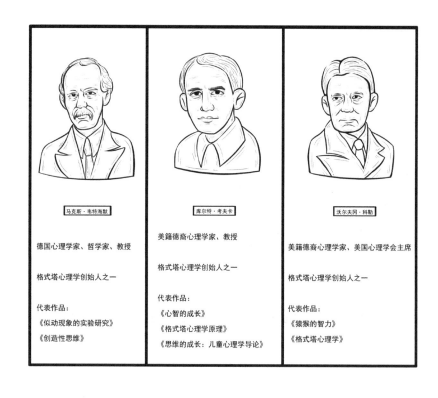

马克斯·韦特海默

德国心理学家、哲学家、教授

格式塔心理学创始人之一

代表作品：
《似动现象的实验研究》
《创造性思维》

库尔特·考夫卡

美籍德裔心理学家、教授

格式塔心理学创始人之一

代表作品：
《心智的成长》
《格式塔心理学原理》
《思维的成长：儿童心理学导论》

沃尔夫冈·科勒

美籍德裔心理学家、美国心理学会主席

格式塔心理学创始人之一

代表作品：
《猿猴的智力》
《格式塔心理学》

## | 超时空虚拟采访 |

问题一

韦特海默老师，听说您对似动现象的知觉问题源自于一次顿悟？

是的，那是1910年的夏天，我在度假的列车上观察到窗外景物的移动，从而引发了对似动现象的兴趣。

问题二

小雷，你还有什么问题想问我们的吗？

对，尽管问。

两位老师，没问题了，刚才的问题也是凑出来的……

## 格式塔心理学

在 20 世纪初的德国，在柏林的一所大学，一位名叫马克斯·韦特海默的年轻心理学家，正沉浸在他的研究中。

一天，他在观察一幅由许多小点组成的图案时，突然意识到这些点在他的视野中自发地组合成了一个完整的形状。这个发现让他陷入了深思："人类是如何从零散的感官输入中感知到一个整体的？"

韦特海默兴奋地与他的同事库尔特·考夫卡和沃尔夫冈·科勒分享了这一发现。

他们开始一起探索人类感知的整体性，提出了一种新的心理学理论——格式塔心理学。他们认为，人类的心理活动是一个整体，这种整体性是不可分割的。

考夫卡在实验室里进行了一系列的实验，他发现即使物体的一部分被遮挡，人们仍然能够感知到完整的形状。他兴奋地对韦特海默说："看，即使这部分被遮挡了，我们仍然能够感知到整个三角形！"这一发现证实了他们的理论：人们在感知时会自发地填补缺失的部分，形成完整的图像。

科勒则通过研究猩猩解决问题的能力，展示了动物也具有整体性的认知能力。他向韦特海默和考夫卡展示了一段影片，猩猩用树枝作为工具来获取高处的香蕉。科勒说："它们不仅仅是在用树枝，它们理解了整个解决问题的过程。"

随着时间的推移，格式塔心理学家们开始将他们的理论应用于更广泛的领域。他们认为，人们在面对问题时，会寻找整体的解决方案，而不是孤立地处理问题的一部分。

这一理论逐渐影响了艺术、设计和教育等多个领域。

想象你站在一家现代艺术画廊中，眼前是一幅由无数彩色斑点组成的画作。当你的目光在画布上游移，你突然意识到这些看似随意分布的斑点，在你的视觉感知中逐渐汇聚成一个清晰的图像——

一只飞翔的鹰。这种从混沌中感知到秩序的能力，正是格式塔心理学的核心概念之一。

走进一家咖啡馆，你被室内的装饰所吸引，墙上挂着几幅风格相似的画作，颜色和形状的一致性让你的大脑迅速将它们识别为一组，这是格式塔心理学中的相似性原则在起作用。你的目光转向窗边，注意到一排高脚椅和桌子，它们之间的距离恰到好处，让你感觉到一种和谐的节奏，这是接近性原则的应用。

你坐下来，菜单上的文字和图片以一种巧妙的方式排列，让你一目了然地看到推荐菜品。尽管有些文字被图片部分遮挡，但你依然能够完整地理解它们的含义，这是因为你的大脑倾向于闭合不完整的信息，这是闭合原则的体现。

　　当你抬头看向窗外，一条蜿蜒的小径穿过花园，即使视线中只有小径的一部分，你的大脑也能自动将其想象为一条完整的路径，这是连续性原则在现实生活中的体现。

　　当你注意到咖啡馆的服务员穿着鲜艳的围裙，在较为暗淡的背景中格外显眼。这种前景与背景的区分，帮助你迅速识别并关注到服务员，这是图形 - 背景关系原则的应用。

　　这些日常场景中的感知体验，都是格式塔心理学原理在现实生活中的应用实例。它们展示了我们如何自然而然地将感知到的信息组织成有意义的整体，从而更有效地理解和导航我们的世界。

## 2.5　精神分析：强调潜意识和心理冲突

> "我们整个心理活动似乎都是在下决心去求取欢乐，避免痛苦，而且自动地受唯乐原则的调节。"
>
> ——西格蒙德·弗洛伊德

　　精神分析是一种心理学理论和治疗方法，由奥地利医生西格蒙德·弗洛伊德在 19 世纪末 20 世纪初发展起来。精神分析的核心观点包括潜意识、心理防御机制、性本能、梦的解析等。

## 西格蒙德·弗洛伊德其人

弗洛伊德被誉为"精神分析之父"，是心理学史上一位极具影响力的人物。他深入探索了人类心灵的奥秘，提出了潜意识、本我、自我与超我等核心概念，并通过对梦境的解析揭示了人类深层心理活动的机制。他的理论不仅革新了心理学的研究领域，还广泛影响了文学、哲学、社会学等多个学科。尽管其理论存在争议，但弗洛伊德无疑是20世纪最具影响力的心理学家之一，为后世探索人类心理与行为提供了宝贵的视角和工具。

这位大佬级别的人物，我们在下一章还会重点讲解。

西格蒙德·弗洛伊德（Sigmund Freud，
1856—1939），
奥地利精神病医师、心理学家、
精神分析学派创始人，
被称为"维也纳第一精神分析学派"

自我 本我 超我

《梦的解析》

哥，可是大佬级别的！

四个姐妹均遭纳粹杀害

每天抽20支雪茄

口腔癌，33次手术

拒绝止疼药，为了保持头脑清醒

1939年9月23日，卒于伦敦

## | 超时空虚拟采访 |

听说您曾经33次被提名诺贝尔奖（其中32次为生理学或医学奖，1次为文学奖），结果一次都没获奖，传闻是遭到了爱因斯坦的反对？

别跟我提这个名字！别让我见着他！

　　注释：据传，爱因斯坦在弗洛伊德评选诺贝尔奖过程中的确提出过质疑，主要源于他对弗洛伊德精神分析学说的质疑。爱因斯坦认为弗洛伊德的学说并非严格意义上的科学，因为其无法证伪，且其理论框架中的许多观点难以通过科学实验进行验证。

　　即便如此，两人的私交还是不错的，经常对各自的理论进行深入交流。

### 弗洛伊德的精神分析理论

　　在 19 世纪末的维也纳，一位名叫西格蒙德·弗洛伊德的年轻医生，正坐在他的办公室里沉思。他的桌子上堆满了医学书籍和病历，但他的思绪却飘向了更深层的问题：人类的心理是如何运作的？那些无法言说的痛苦和欲望，又是如何影响着我们的行为？

　　一天，弗洛伊德接待了一位名叫安娜的女患者。她患有歇斯底里症，传统的治疗对她毫无帮助。弗洛伊德决定尝试一种新的方法。他鼓励安娜自由地说出脑海中浮现的任何想法，无论多么琐碎或不合逻辑。

随着治疗的深入，弗洛伊德发现安娜的话语中隐藏着深层的恐惧和欲望，这些都与她的童年经历有关。他开始意识到，人类的行为和情感受到潜意识冲动的强烈影响。他提出了本我、自我和超我的概念，来解释人类心理的复杂性。

弗洛伊德的同事卡尔·荣格也被这些发现所吸引。荣格提出了集体无意识的概念，认为人类共享着一个包含普遍象征和图像的心理结构。这些理论为心理治疗提供了新的视角。

随着时间的推移，弗洛伊德的理论逐渐发展。他开始研究梦的解析、转移现象以及防御机制等概念。他的理论不仅在医学领域产生了影响，也开始渗透到文学、艺术和文化中。

然而，弗洛伊德的理论也引发了广泛的讨论和争议。一些人批评其理论缺乏科学依据，而另一些人则认为它为理解人类心理提供了深刻的洞察。

尽管面临挑战，弗洛伊德并没有放弃。他继续探索人类心理的奥秘，写下了《梦的解析》《自我与本我》等经典著作。他开创了精神分析学派，为后来的心理学家提供了探索人类心理深层结构的基础。

弗洛伊德的精神分析理论对今天的心理学和人类自我理解仍然产生着深远的影响。

## 一个伟大的波兰女孩

精神分析能够帮助个体探索潜意识的内容，理解其对行为和情感的影响，并促进个体的心理成长。

在波兰华沙，一个名叫玛丽的女孩怀揣着对科学的无限热爱，却因性别和时代限制无法接受正规教育。但她没有放弃，秘密地参加"浮动大学"，在知识的海洋中悄悄成长。

年轻的玛丽经历了一段痛苦的失恋，这让她的世界一度灰暗。然而，正是这次情感的挫折，意外地成为她人生的转折点。她决定离开波兰，带着对知识的渴望，独自前往巴黎的索邦大学深造。

在巴黎，玛丽不仅完成了学业，还遇到了志同道合的皮埃尔·居里。两人携手研究放射性现象，共同发现了镭和钋两种新元素，让她成为第一个获得诺贝尔奖的女性，她在全球范围内享有极高的声誉和影响力，无论是在哪个国家或地区，她都被广泛认知和尊重。

然而，命运并未因此对她格外眷顾。皮埃尔的意外去世，让玛丽再次陷入深深的悲痛。但这位坚强的女性没有被击垮，她独自承担起科研和抚养女儿的重任，继续在科学的领域里深耕。

从精神分析的视角看，玛丽的故事不仅是一次心灵的升华，更是对人类心理韧性和自我超越能力的生动诠释。她的故事提醒我们，面对生活中的不幸和挑战时，每个人都有潜力通过内在的力量和积极的心理调适，将个人的痛苦转化为推动自我成长和社会进步的强大动力。这不仅是个人心理成长的典范，也是对人类精神力量的深刻致敬。

玛丽·居里，世人尊称其为居里夫人。这位伟大的女性，不仅以其科学成就被世人铭记，更以其坚韧不拔的精神激励着后人。


## 2.6 人本主义：强调个体的自我实现和成长

*美好的生活是自我实现的生活。*

——卡尔·罗杰斯

在 20 世纪中叶，人们对心理学的理解开始从行为和潜意识的分析转向对个体自我实现和个人成长的追求。这场变革催生了一个新的心理学流派——人本主义心理学。

## 卡尔·兰塞姆·罗杰斯其人

卡尔·兰塞姆·罗杰斯，一个充满同情心和洞察力的心理学家，正是这场运动的代表人物之一，也是人本主义心理学的领军人物。

卡尔·兰塞姆·罗杰斯（Carl Ransom Rogers 1902-1987），美国心理学家，人本主义心理学的主要代表人物之一

1956年获美国心理学会颁发的杰出科学贡献奖

人本主义心理学之父

人格的自我理论

心理治疗理论

以学生为中心的教育观

## 罗杰斯与人本主义心理学

罗杰斯最初接受的是传统心理学教育，专注于行为分析和潜意识探究。然而，随着时间的推移，他越来越感到这些方法都无法全面、深入地解释人类经验的丰富性和复杂性。

一次偶然的机会，罗杰斯接触到了亚伯拉罕·马斯洛的作品。

马斯洛关于个体自我实现和无条件积极关注的观点，深深触动了罗杰斯。他开始思考，心理学是否可以更加关注人的内在价值和潜能。

罗杰斯开始在自己的治疗实践中尝试新的方法。他创造了一个安全、接纳的环境，让来访者能够自由地表达自己的感受和想法。他相信每个人都有自我治愈和成长的能力，而他的任务是提供一个支持性的环境。

罗杰斯的实践逐渐形成了一套理论体系。他强调个体的主观体验，认为每个人都有自我实现的潜力。他提出了"无条件积极关注"的概念，认为这是促进个体成长的关键因素。

罗杰斯的理论很快在心理学界引起了广泛的关注。他的观点挑战了传统的心理学范式，为心理学的发展开辟了新的方向。人本主义心理学开始影响教育、组织管理等多个领域，强调个体的自我发展和创造力。

### 活出真我的史蒂夫·乔布斯

史蒂夫·乔布斯，这位苹果公司的创始人，不仅以其革命性的科技产品改变了世界，更以其独特的人生哲学和个性魅力成为了无数人心目中的偶像。他的童年、大学时期以及后来的职业生涯，都充满了对电子世界的好奇和对传统教育的叛逆，这些经历共同塑造了他活出真我的传奇人生。

退学这事别学我，你又不是天才！

从小，他就对电子设备和机械玩具表现出浓厚的兴趣。当其他孩子还在玩耍时，他已经学会了拆解和重新组装各种电子设备，这种好奇心和探索精神为他日后的科技事业奠定了坚实的基础。

进入大学后，乔布斯并没有像大多数学生那样选择传统的学术道路。他听从了内心的声音，选择了自己真正热爱的课程，如书法和摄影等，这些看似与计算机科学无关的领域，却在他的心中种下了艺术和设计的种子。乔布斯认为，这些课程不仅培养了他的审美和创造力，还让他学会了如何将技术与艺术相结合，创造出更具吸引力的产品。

然而，这种选择也让他付出了代价。由于选择了非传统的课程，他的学费迅速增加，最终他不得不辍学。但辍学并没有阻止他追求梦想的步伐，反而让他有了更多的时间和精力去专注于自己的兴趣和项目。

乔布斯在辍学后，与好友沃兹尼亚克一起创立了苹果公司。他们凭借对科技的热爱和对创新的执着，推出了一系列革命性的产品，这些产品不仅改变了人们的生活方式，也推动了整个科技行业的发展。

然而，乔布斯的道路并非一帆风顺。在苹果公司的发展过程中，他遭遇了巨大的挑战，甚至一度被迫离开自己亲手创立的公司。但这些挫折并没有击垮他，相反，他将这些经历转化为新的创造力和动力。在重返苹果公司后，乔布斯带领公司创造了一个又一个的奇迹。

史蒂夫·乔布斯用自己的行动证明了，只有听从内心的声音，勇敢地追求自己的梦想，才能活出真正的自我。他的故事激励着无数人勇敢地追求自己的梦想，不畏困难，不惧挑战，用自己的方式去创造和改变世界。

## 2.7　认知心理学：强调心智的内部世界

"认知心理学将成为一门更加综合、更加实用的学科。"

——乌尔里克·奈瑟尔

认知心理学是研究人类认知过程的科学，包括感知、注意、记忆、思维、语言和解决问题等心理活动。这一领域在 20 世纪 50 年代末和 60 年代初随着行为主义心理学的衰退而兴起，成为心理学的一个重要分支。

## 乌尔里克·奈瑟尔其人

乌尔里克·奈瑟尔被誉为认知心理学之父，1967 年著《认知心理学》一书，标志着认知心理学作为一门学科的正式诞生。他的主要研究领域是记忆、智力以及自我概念。1984 年奈瑟尔当选为美国国家科学院院士。

乌尔里克·奈瑟尔
(Ulric Neisser, 1928-2012)，
出生于德国的美国心理学家，
被誉为认知心理学之父

被誉为认知心理学界的"圣经"

1946年，考入哈佛大学
1956年，获得心理学哲学博士学位

晚年致力于人类智力的研究

## 奈瑟尔与认知心理学

乌尔里克·奈瑟尔自幼就对人类如何感知世界充满好奇。他的

童年在德国基尔市度过，但随着家庭的迁移，他在美国找到了新的家园。

在哈佛大学，他最初被物理学的精确和逻辑所吸引，但不久之后，他被心理学的复杂性和丰富性所迷住。他意识到，心理学能够解答他心中长久以来的疑问：我们是如何理解这个世界的？

"奈瑟尔，你确定要放弃物理学吗？"他的朋友在一次聚会上问道。"是的，物理学很美，但心理学更让我着迷。"奈瑟尔回答道，眼中闪烁着对未知的渴望。

奈瑟尔博士的研究旅程始于对视觉的探索。他相信，我们的眼睛不仅仅是被动接收光线的器官，更是主动解释世界的解码器。在他的实验室里，他创造了一系列的实验，探索人们如何在一瞬间识别出复杂的视觉场景。他发现，在深入知觉之前，存在一个自动的预注意阶段，这个阶段对信息的筛选起着至关重要的作用。

"你看，"奈瑟尔指着屏幕上快速闪过的字母，"我们的大脑在处理这些信息时，其实已经做了初步的筛选。"

1967年，奈瑟尔博士出版了《认知心理学》一书，这本书不仅总结了当时的认知研究成果，更为心理学界带来了一场革命。他清晰地阐述了认知过程——从感知到记忆，从思维到解决问题——并强调了信息处理的重要性。这本书成为了心理学领域的经典，奈瑟尔博士的名字也与认知心理学紧密相连。

"这本书不仅仅是一个总结，"奈瑟尔博士在一次讲座中说，"它是一个开始，一个认知心理学新时代的开始。"

随着研究的深入，奈瑟尔博士开始探索记忆的迷宫。他发现，记忆并非简单地存储和回放过去的事件，而是一个动态的、创造性的过程。在他的研究中，他关注了记忆的准确性和记忆错觉，揭示了记忆是如何受到个人经验和社会环境的影响。

"记忆不是录像带，"他在一次研讨会上解释道，"它是我们与过去对话的结果。"

奈瑟尔博士逐渐意识到，心理学的研究不能仅仅局限于实验室。他开始呼吁认知心理学应该具有生态效度，即研究应该反映真实世界的情况。在他的《认知与现实》一书中，他提出了认知心理学的新方向，强调了环境对认知过程的影响。

"我们需要走出实验室，"奈瑟尔博士在一次采访中说，"看看人们在真实世界中是如何思考和感知的。"

晚年的奈瑟尔博士将注意力转向了人类智力的研究。他质疑了传统的智力测量方法，并探索了不同社会和文化背景下智力表现的差异。他的研究不仅增进了我们对智力的理解，也为教育和社会政策提供了宝贵的见解。

"智力不是单一的数字，"他在一次学术会议上说，"它是多维度的，是文化和环境共同塑造的结果。"

乌尔里克·奈瑟尔不仅是一位伟大的学者，更是一位启发后来者的思想家。他的研究告诉我们，认知心理学不仅仅是关于心智的科学，更是关于理解我们如何与世界互动的哲学。

认知心理学在生活中的应用广泛而深远，它帮助我们理解人类如何处理信息、做出决策和解决问题。认知心理学对诸多领域产生了深远的影响，例如教育、产品设计、广告行业、运动训练、工作环境、法律领域等。

这些例子只是认知心理学在生活中应用的冰山一角。随着研究的不断深入，认知心理学的原理将继续在各个领域发挥其影响力，帮助我们更好地理解人类行为。

以可口可乐（Coca-Cola）为例，它的广告经常运用情感化的元素来触动消费者的内心。例如，春节的时候，可口可乐推出的广告经常展现家庭团聚、朋友欢聚的温馨场景，从而激发消费者的情感共鸣。

根据认知心理学的原理，情感和记忆之间存在密切关系，这样的广告能够增强消费者对品牌的记忆和好感度。

## 2.8 生物心理学：大脑、神经元和神经系统

"大脑有优势的、起主要作用的
左半球和劣势的、起次要作用的右
半球。"

——罗杰·W·斯佩里

生物心理学专注于研究大脑、神经元和神经系统是如何影响我们的思想、感觉和行为的。

生物心理学的形成可以追溯到 20 世纪初期，当时心理学和生物学的交叉研究开始受到关注。查尔斯·达尔文首先提出了进化和遗传在人类行为中的作用，他认为自然选择会影响某些行为模式是否会遗传给后代。1951 年，英国发展心理学家约翰·鲍比尝试将弗洛伊德的理论应用于父母与婴儿的问题，并在 1969 年提出了依附理论，这可以看作是生物心理学领域的早期尝试。

在 20 世纪中叶，人们对大脑的了解还非常有限，大脑的两个半球被认为功能相同，但是一位名叫罗杰·W·斯佩里的年轻心理

生物学家认为事情并非如此。

## 罗杰·W·斯佩里其人

罗杰·W·斯佩里，美国心理生物学家，芝加哥大学博士，加州理工学院教授。因研究大脑两半球功能分工获 1981 年诺贝尔生理学或医学奖。他的割裂脑实验揭示了左右脑在语言和形象思维上的显著差异。

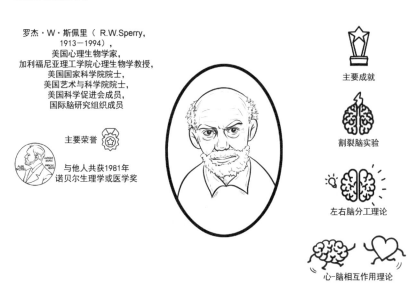

罗杰·W·斯佩里（R.W.Sperry，
1913－1994），
美国心理生物学家，
加利福尼亚理工学院心理生物学教授，
美国国家科学院院士，
美国艺术与科学院院士，
美国科学促进会成员，
国际脑研究组织成员

主要荣誉

与他人共获1981年
诺贝尔生理学或医学奖

主要成就

割裂脑实验

左右脑分工理论

心-脑相互作用理论

## 斯佩里与大脑研究

斯佩里曾对裂脑患者进行研究，这些患者的胼胝体（连接大脑两半球的神经纤维束）由于治疗严重的癫痫而被切断，通过一系列创新的实验，斯佩里发现，大脑的左半球主要负责逻辑和语言处理，而右半球则在空间推理和创造力方面发挥着关键作用。

斯佩里的研究结果挑战了当时的认知，他提出了大脑半球功能不对称的理论，即大脑两半球在处理信息时具有不同的专门化功能。这一理论为理解大脑如何支持复杂的认知过程提供了新的视角。

斯佩里的工作在科学界引起了轰动，他因此与大卫·H·休贝尔和托斯坦·N·威塞尔共同获得了 1981 年的诺贝尔生理学或医学奖，以表彰他们在视觉系统和大脑功能研究方面的贡献。

斯佩里的理论推动了生物心理学的发展，激励了一代又一代的科学家去探索大脑和行为之间的关系。生物心理学家开始使用新的技术和方法，如功能性磁共振成像（fMRI）和脑电图（EEG），来研究大脑的结构和功能。

**生物心理学初识**

生物心理学是一门研究大脑如何影响我们情绪的科学。它帮助我们理解——情绪不仅仅是心理上的感受，还和我们大脑里的一些特殊部位有关。想象一下，大脑就像一个复杂的指挥中心，里面有不同的部门负责不同的任务，情绪就是其中一项重要的任务。

而杏仁核、前额叶皮层、血清素、多巴胺、去甲肾上腺素和GABA，这些听起来有些生硬的专业术语，其实就像是我们大脑指挥中心下面的各个部门，它们协同工作，让我们的情绪体验变得丰富多彩。

接下来，我们简单了解一下这些术语。

| 术语解析 | |
|---|---|
| **专业术语** | **解析** |
| 杏仁核 | 这是大脑中一个特别忙碌的部门，它负责处理我们的情绪信息，比如当我们遇到危险时感到的恐惧，或者当我们遇到开心的事情时感到的快乐 |
| 前额叶皮层 | 这个部位就像大脑里的"总经理"，它帮助我们调节情绪，让我们在面对选择时能做出明智的决定 |
| 神经递质 | 大脑中还有一些"化学信使"，它们叫作神经递质。这些信使在情绪的传递中起着关键作用 |
| 血清素 | 这是一种让人感到平静和快乐的信使。如果血清素不足，我们可能会感到沮丧或焦虑 |
| 多巴胺 | 当我们做了一些让我们感到兴奋或有成就感的事情时，多巴胺就会增加，让我们感到快乐和满足 |
| 去甲肾上腺素 | 这种信使在我们感到紧张或需要迅速反应的时候发挥作用，比如考试前的紧张感 |
| GABA | 这是一种帮助我们放松和减少焦虑的信使 |

生物心理学还可以帮我们轻松调节情绪，例如认知重评与表达抑制的技巧。

认知重评。这就像我们给情绪换个"标签"。比如，如果我们把一次失败看作是学习的机会，而不是终结，我们的情绪就会从沮丧变为积极。

表达抑制。有时候，我们需要控制自己的情绪表达，比如在公共场合我们可能需要控制自己的愤怒，不让它表现出来。

情绪调节的原理可以应用于日常生活中，帮助人们管理压力和情绪波动。例如，通过冥想、正念（正念是一种通过专注于当前时刻的感知、思维和情绪，而不加评判地接纳它们的练习。这种练习有助于个体在面临压力和挑战时保持冷静和专注，从而更好地应对复杂的工作和生活环境）练习和认知行为疗法等方法，人们可以学习如何更有效地调节情绪。

例如，比尔·盖茨在接受《纽约时报》采访时，他表示自己经常通过正念练习来管理自己的情绪和压力。正念练习帮助他在高压环境中保持专注和冷静，通过正念练习，他能够更好地控制自己的思维和情绪，从而应对复杂的工作。

# 第 3 章

## 心理学大咖与他们影响
## 世界的智慧之光

# 3.1　卡伦·霍妮：我们内心的冲突

> 我们内心的冲突是生命不可缺少
> 的组成部分。
>
> ——卡伦·霍妮

卡伦·霍妮（Karen Horney）是一位具有深远影响的心理学家，她的作品《我们内心的冲突》不仅深刻剖析了人性的复杂性，也体现了她个人经历与专业探索的深度融合。

卡伦·霍妮(Karen Horney,
1885-1952)，医学博士，
德裔美国心理学家和精神病学家，
精神分析学说中新弗洛伊德主义的
主要代表人物

著作颇丰

《我们时代的神经症人格》

《精神分析新法》

《自我分析》

《我们内心的冲突》

《你在考虑精神分析吗》

《神经症与人的成长》

《女性心理学》
（于霍妮逝世后出版）

拥有一个可怕的父亲
与不快乐的童年

"如果我不能漂亮，我将使我聪明。"

患有抑郁症，一度萌生自杀的想法

## | 超时空虚拟采访 |

卡伦·霍妮老师，在您的众多著作中，如果选一本书改编为一部奇幻电影，您希望是哪一本？为什么？

我想，我可能会选择《我们时代的神经症人格》吧。我想象这部电影中，主角们穿梭于不同的文化和社会阶层之间，他们的内心世界如同迷宫一般复杂多变，而每一次选择都映射出我们时代特有的焦虑与挣扎。这样的电影，定能引发观众对自我和时代的深刻反思。

注释：《我们时代的神经症人格》是卡伦·霍妮的成名作，标志着精神分析社会文化学派的形成。

### 如果我不能漂亮，我将使我聪明

卡伦·霍妮的个人经历对她的学术思想产生了深刻的影响。

霍妮出生在德国汉堡附近的一个小村庄。她的童年在缺乏温暖的家庭环境中度过，父亲对她十分冷漠，母亲偏爱她的哥哥，这让年幼的她感到孤独和无助。这种早期的家庭经历为她后来研究人际关系和个体心理打下了基础。

9岁那年，霍妮突然认清了现实，她告诉自己："如果我不能漂亮，我将使我聪明！"这句话成为了她一生的座右铭。

12 岁时，她立志成为一名医生，尽管父亲极力反对，但所幸在母亲的支持下，她坚定地走上了求学之路。

1906 年，霍妮进入弗赖堡大学学习医学，后转至哥廷根大学。在大学期间，她遇到了奥斯卡，两人相爱并结婚，尽管婚姻并没有给她带来幸福，但她从未放弃对知识的探索。

1913 年，她获得了柏林大学医学博士学位，成为了一名精神分析医生。此后，她在柏林精神分析研究所接受训练，并在 1919 年成为一名私人精神医生。

然而，早年经历，比如与父亲的关系紧张、父母离婚、亲人去世以及她自己的婚姻问题，这些导致霍妮深受抑郁症和性问题的困扰，她开始接受弗洛伊德的嫡传弟子卡尔·亚伯拉罕的精神分析。

1923 年，她的抑郁症再度发作，人生经历的不顺使她的情绪非常低落，甚至萌生过自杀的想法。在接受精神分析治疗过程中，霍妮对弗洛伊德的理论产生了质疑，尤其是关于女性性欲的观点，这促使她走上了自己的学术探索之路。

1932 年，霍妮受邀赴美，担任芝加哥精神分析研究所副所长。两年后，她迁居纽约，在那里创办了一所私人医院，并在纽约精神分析研究所培训精神分析医生。但是因为她的理论和弗洛伊德的正统理论产生了冲突，导致她被剥夺了讲师资格。但这并未阻止她在心理学领域的探索，同年，她创建了美国精神分析研究所，并担任所长，直到逝世。

　　然而，正是这些经历，塑造了她对人性深层次的理解和同情。

　　霍妮的学术生涯，是对传统精神分析理论的挑战和超越。她提出了基本焦虑、神经质性格和理想化自我等概念，深刻地分析了人内心的主要冲突类型及其表现形式。她的代表作《我们内心的冲突》，深刻剖析了人性的复杂性，成为了心理学领域的经典之作。

　　在《我们内心的冲突》一书中，霍妮探讨了人们内心深处的冲突，以及这些冲突如何影响个体的心理状态和行为。她认为，这些冲突往往源于个体与社会文化环境之间的矛盾，而不仅仅是个人经历的偶然性。霍妮强调了认识和解决这些冲突的重要性，认为这是改善个人与自我、与他人关系的关键。

《我们内心的冲突》不仅是一本具有理论价值的心理学著作，更是一本具有实践指导意义的心理自助读物。它深刻地剖析了人类内心的冲突根源，并提供了有效的解决方法和自我疗愈途径，对于改善个人心理状态、提升生活质量具有积极的作用，受到了读者和心理学专家的广泛推荐。

## 【卡伦·霍妮经典语录】

◆ "我们内心的冲突是生命不可缺少的组成部分。"

霍妮认为，冲突不仅是问题，也是成长和改变的契机。通过解决冲突，我们可以更好地认识自己，实现内心的完整和成熟。

◆ "一个人要想真正地成长，必须在洞悉自己并坦然接受的同时又有所追求。"

◆ "最好的'分析师'就是生活本身，无论是谁，都可以通过丰富的生活经历来完善自己的人格。"

◆ "所有人只要还活着就有改变自己，甚至是彻底改头换面的可能性，并非只有孩童才具有可塑性。"

◆ "一方面希望统治一切人，另一方面又希望被一切人爱；一方面顺从他人，另一方面又把自己的意志强加在他们身上；一方面疏远他人，另一方面又渴望得到他们的爱。正是这种完全不能解决的冲突控制着我们的生活。"

◆ "所有的恐惧都源自未解决的冲突。"

◆ "只有当我们愿意承受打击时，我们才能有希望成为自己的主人。虚假的冷静植根于内心的愚钝，绝不是值得美慕的，它只会使我们变得虚弱而不堪一击。"

◆ "如果一个人有充足的勇气去发现令人不快的自我真相，我们有理由相信，他强壮到足以走出困境。"

## 3.2　阿尔弗雷德·阿德勒：被讨厌的勇气

"不害怕被别人讨厌、勇敢做自己的勇气。"

——阿尔弗雷德·阿德勒

阿尔弗雷德·阿德勒是奥地利精神病学家，个体心理学的创始人，也是人本主义心理学的先驱，被誉为现代自我心理学之父。

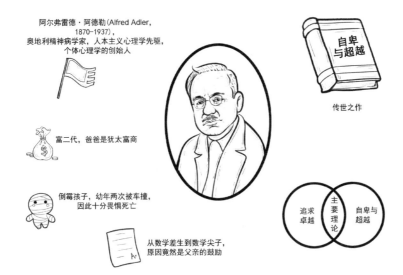

阿尔弗雷德·阿德勒(Alfred Adler,
1870–1937)，
奥地利精神病学家，人本主义心理学先驱，
个体心理学的创始人

自卑与超越

传世之作

富二代，爸爸是犹太富商

倒霉孩子，幼年两次被车撞，
因此十分畏惧死亡

追求卓越　主要理论　自卑与超越

从数学差生到数学尖子，
原因竟然是父亲的鼓励

## | 超时空虚拟采访 |

阿德勒老师好，听说您小时候命运坎坷，2岁时患上了佝偻病，
3岁时目睹了弟弟身亡，4岁才学会走路，5岁的时候险些死于肺炎，
还曾经被车撞，而且还是两次，这段经历对您造成了怎样的影响？

你以为《自卑与超越》是随随便便就能写出来的吗？

　　注释：阿德勒的童年可谓生活坎坷，从小患有佝偻病，多次面临生
命威胁。虽然家庭条件优渥，但由于身体原因，让他极度自卑。

阿德勒的心理学研究着重于人的社会性质和个体追求优越的需求，其中"自卑感"和"社会情感"是性格发展的重要动力源泉。阿德勒认为人的行为是由社会力量决定的，这与弗洛伊德强调的生物学本能观点不同。

阿德勒的心理学理论与他的成长经历密切相关。他出生于维也纳郊区的一个富裕家庭。他的童年并不像其他孩子那样无忧无虑，因为软骨病的折磨，让他的行动变得异常艰难。他常常感到自卑，健康的哥哥自由自在地奔跑，而自己却只能羡慕地在一旁看着。

小阿德勒的生命中充满了挑战。他曾目睹弟弟的去世，自己也两次与死神擦肩而过。这些经历让他更加珍视生命，也坚定了他要成为一名医生的决心，立志要去拯救那些像他一样遭受疾病困扰的人们。他发誓要克服身体的局限，用自己的力量去帮助他人。

长大后的阿德勒成功进入维也纳大学医学院学习，在学习期间他对精神病学产生了浓厚的兴趣。为了更好地理解精神病学，阿德勒开始在临床环境中工作。这一决定对他后来的研究和职业生涯产生了深远的影响。

1895 年，阿德勒获得了医学博士学位，并开始了他的医学生涯，最初他是一名眼科医师，但他很快转向精神病学，并与弗洛伊德等人一起探讨神经症问题。然而，他与弗洛伊德的合作并未持续太久。他反对弗洛伊德的泛性论，坚信人的行为更多地受到社会因素的影响。这一理论上的分歧，最终导致了两位心理学巨匠的分道扬镳。

1897 年到 1898 年，他回到维也纳大学深造，进一步加深了他对心理学和精神病学的理解，并发展出了自己独特的理论体系——个体心理学，这一理论强调社会因素在人格发展中的重要作用，并围绕"自卑感"和"创造性自我"这两个核心概念展开。

阿德勒提出，人的行为模式往往根植于童年早期的经历，而自卑感则是推动个体行为的重要力量。他倡导"创造性自我"的概念，鼓励人们有意识地选择自己的生活道路，勇敢地参与到对自己命运的决策中。

阿德勒还提出了社会兴趣的概念，认为一个人是否拥有对社会的关注和兴趣，是衡量其心理健康的重要标准。并强调了社会因素在人格发展中的重要作用。通过培养和发展社会兴趣，我们可以为整个人类社会的发展作出贡献。

阿德勒的一生，是不断克服困难、追求卓越的一生。他提出了"补偿作用"的概念，并用自己的经历告诉我们，无论面临多大的挑战，只要我们勇敢地面对内心的自卑，找到属于自己的补偿之路，就能够创造出属于自己的辉煌。他的故事，如同一盏明灯，照亮了无数寻求自我超越之路的人们。

"人生没有那么多苦难，是你自己让人生变得复杂了。其实，人生单纯到令人难以置信。"

阿德勒确实是一位多产的作家，他的著作广泛流传，如《自卑与超越》《理解人性》和《个体心理学的实践与理论》等，这些书籍深刻阐述了个体心理学的基本原理，并结合大量案例进行剖析，帮助人们更好地理解人性。

其中《被讨厌的勇气》是一本以对话形式展开的书籍，深入诠

释了阿德勒的个体心理学理论。在这本书中,阿德勒心理学的三个
核心理论被详细讨论:目的论、课题分离和共同体感觉。

阿德勒认为,人们常常因为害怕被他人讨厌而牺牲自己的幸福
和自由。《被讨厌的勇气》鼓励读者拥有接受这种可能性的勇气,
即不被所有人喜欢的勇气,从而活出真实的自我。通过这样的理
念,阿德勒希望人们能够理解,真正的自由来自于不再寻求他人的
认可,并且有勇气面对他人的不认同。

书中还讨论了自卑感和人生课题,以及如何通过自我接纳、他
者信赖和他者贡献来建立共同体感觉。阿德勒心理学认为,人生的
意义在于"活在当下",并且接受自己的平凡,同时拥有甘于平凡
的勇气。

睡在当下

接受躺平的自己

## 【阿德勒经典语录】

◆ "要有不害怕被别人讨厌、勇敢做自己的勇气。"

这是阿德勒心理学所强调的核心精神之一，即勇于面对他人的评价，坚持自我。

◆ "我们每个人都有不同程度的自卑感，因为我们都想让自己更优秀，让自己过更好的生活。"

阿德勒认为，自卑感是人类普遍存在的情绪，它驱动着我们不断追求进步和成长。

◆ "一个人的意义是没有用的，真正的意义是从与人交往中体现出来的。"

阿德勒认为，人际关系是我们生活中不可或缺的一部分，我们的价值和意义在与他人的互动中得到体现。

◆ "我们不能期待别人随时体察我们的情绪，沉默换不来别人的帮助，如果我们需要帮助，就要用语言表达出来。"

阿德勒提醒我们，在人际关系中要学会表达自己的需求和感受。

◆ "经历的痛苦愈多，体会到的喜悦就愈多。"

阿德勒认为，痛苦和喜悦是相辅相成的，只有经历过痛苦的人才能更深刻地体会到喜悦的珍贵。

# 3.3 艾瑞克·弗洛姆：爱的艺术

*"爱是一种能力，需要我们不断地
培养和发展。"*

——艾瑞克·弗洛姆

艾瑞克·弗洛姆（Erich Fromm），德裔美国人，是一位具有深远影响的人本主义哲学家和精神分析心理学家。

艾瑞克·弗洛姆(Erich Fromm, 1900-1980)，
德裔美国人，
人本主义哲学家和精神分析心理学家

著作颇丰

《逃避自由》
《自我的追寻》
《爱的艺术》

爱是一门艺术

弗洛姆认为，爱是一门艺术，
是一种需要学习和培养的能力，
而不是一种与生俱来的情感

《爱的艺术》

给予　关心　责任　尊重　了解

艾瑞克·弗洛姆的一生致力于完善弗洛伊德的精神分析学说，以适应两次世界大战后西方人的精神处境，被认为是"精神分析社会学"的奠基人之一。此外，弗洛姆也是法兰克福学派的成员，他的主要思想是试图调和弗洛伊德的精神分析学和马克思的人本主义思想。

1900年3月23日，艾瑞克·弗洛姆出生在德国法兰克福的一个犹太家庭。他的童年并不像其他孩子一样无忧无虑。

他的母亲罗莎患有抑郁症，母亲一直渴望拥有一个女儿，导致唯一的儿子艾瑞克在童年时被当作女孩抚养，留长发、穿长裙，"艾瑞克，你今天练习钢琴了吗？"罗莎常常这样质问艾瑞克，希望他努力练习钢琴，之后能够成为一名钢琴家。尽管她的儿子对小提琴的热爱远超过钢琴。

他的父亲纳夫塔利，一个容易焦虑的中年男人，总是把艾瑞克保护得严严实实，比如他时常担心艾瑞克会在恶劣天气中生病，"不要出去，艾瑞克，你会感冒的！"这种过度的保护让艾瑞克感到窒息，但这也让艾瑞克充满了对自由的渴望。

1918年，艾瑞克进入了法兰克福歌德大学，开始了他的学术探索之旅。他最初学的是法学，但是法学的严谨和逻辑，让他受不了。很快，他发现自己对社会学更感兴趣。于是，他转学到了海德堡大学，师从阿尔弗雷德·韦伯等知名学者。

"艾瑞克，你对人类社会的理解非常深刻，我非常看好你！"

他的导师卡尔·雅斯佩斯（Karl Jaspers）曾这样评价他。

1922 年，艾瑞克获得了哲学博士学位，但他的学术探索并未停止。后来，在慕尼黑大学和柏林精神分析学会，他接受了精神分析的训练，这为他后来的理论发展打下了坚实的基础。

好景不长，当时国际社会发生了巨变。纳粹的上台迫使艾瑞克离开了德国，他来到了瑞士日内瓦，然后又到了哥伦比亚大学。

在这里，艾瑞克开始发展形成了自己的理论体系。他经常用"逃避自由"来描述现代人的心理状态，他认为人们在追求自由的同时，也在逃避自由带来的责任和孤独。

后来，他陆续出版了著作《逃避自由》《自我的追寻》《健全的社会》和《爱的艺术》等，不仅在学术界产生了深远的影响，也在公众中引起了广泛的共鸣。

在《爱的艺术》中，艾瑞克·弗洛姆写道："爱，不仅仅是一种感情，更是一种艺术，一种需要学习和实践的能力。"他强调，要掌握爱的艺术，需要具备相关知识并付出努力，包括理论学习和实践。

艾瑞克·弗洛姆认为，如果没有爱他人的能力，人们在自己的爱情生活中永远不会得到满足。他主张爱是一种积极的活动，需要奉献、关心、责任心、尊重和了解。在《爱的艺术》这本书中也指出，爱情是对人类生存问题的回答，是实现人与人之间统一的途径。

艾瑞克·弗洛姆根据爱的对象，区分了不同类型的爱，包括：

⊙ 博爱（Agape）：无私的爱，对所有人的爱。

⊙ 爱欲（Eros）：通常指浪漫或性爱，但也涉及对生命和美的爱。

⊙ 性爱：与性吸引和性关系相关的爱。

⊙ 自爱：对自己的爱，自我接纳和自我尊重。

⊙ 神爱：对神或超越性存在的爱。

同时，他也提出了一些实践爱情的方法，包括：

⊙ 纪律：在爱情中保持自律和自控。

⊙ 集中：在关系中保持专注和投入。

⊙ 耐心：在爱情关系中保持耐心，接受爱的成熟需要时间。

⊙ 兴趣：对伴侣保持持续的兴趣和好奇心。

⊙ 相信他人：信任伴侣，建立基于信任的关系。

艾瑞克·弗洛姆的这本书不仅在心理学界产生了深远的影响，也为广大读者提供了关于爱情和人际关系的深刻见解。

晚年的艾瑞克·弗洛姆搬到了墨西哥，成为了墨西哥国立自治大学的教授。在这里，他继续他的教学和写作，直到1965年退休。他的晚年生活相对平静，但他的思想和理论却在世界各地传播开来。

1980年3月18日，弗洛姆在他瑞士的家中去世，他留给世界的，是关于爱、自由和人性的深刻洞察。

## 维系爱的艺术

弗洛姆的《爱的艺术》为我们提供了宝贵的指导，帮助我们理解爱的本质，并在爱情和婚姻中实践这些原则。通过培养自我意识、建立真正的沟通、给予和接受爱的能力、处理冲突和分歧以及持续投入和努力，我们可以更好地维护和发展我们的爱情关系。

我和妻子结婚七年了，没有了当初刚谈恋爱时的青涩浪漫，也没有了刚结婚时候的喜悦和憧憬，如今我们已经进入人们常说的"七年之痒"阶段，特别是在孩子出生之后，我和妻子开始感受到彼此之间沟通的减少和情感的疏远。我意识到，我们需要重新点燃爱情的火花。

一天晚上，当孩子入睡后，我拉着妻子的手，认真地说："我们之间似乎失去了一些很重要的东西，我觉得我们需要重新找回我们的爱情。"她看着我，眼中闪过一丝惊讶，但很快就表示认同我的说法。

我们开始尝试每天晚饭后留出时间进行深入对话。有一次，我问她："你今天过得怎么样？有没有什么特别的事情想和我分享？"她微笑着回答："其实，我最近一直在想我们以前的日子，那时候我们总是有很多话题可以聊。"我认真听完妻子说的话，感慨地说："我也是，我们现在应该像以前一样，要更多地分享彼此的生活和感受。"

于是，接下来的日子，我们开始进行更多的交流，不仅仅是日常琐事，还有我们的情绪、梦想、恐惧和希望。

后来，我们开始尝试一起探索新的爱好，比如一起学习烹饪或参加舞蹈课程。我们经常把孩子送到父母那里，给我和妻子留出独有的空间和时间，一起度过浪漫的二人世界。

我们也会一起参与社区服务，强化我和妻子之间的联系。在一次志愿服务活动后，我对她说："我觉得我们通过这些活动更加了解了彼此，同时也更加珍惜我们的关系。"她微笑着回答："是的，这些让我们的关系更加牢固。"

随着时间的推移，我们的对话变得更加深入和真诚。有一次，我感激地对她说："我很感激你，你为这个家付出了太多。"她温柔地回应："我也是，我能感受到你对我的爱和给予我的安全感。"

面对生活中的挑战，我们也学会了一起解决问题。有一次，我们在讨论一个棘手的问题时，我对她说："我相信我们可以一起解决它。"她紧握着我的手，坚定地说："是的，只要我们在一起，没有什么是解决不了的。"于是我们一起商量，各自分工，互相配合，最终成功解决了难题。

经过这番共同努力，我和妻子不仅在知性层面上深刻领悟了爱的真谛与艺术，更将这些宝贵原则融入了我们的日常生活实践中，以改善和加深我们的关系。这个过程并不容易，但我相信，只要我们愿意付出努力，我们的爱情就能够跨越时间的考验，历久弥新，恒久绵长。

## 【艾瑞克·弗洛姆经典语录】

◈ "爱是一种能力，需要我们不断地培养和发展。"

弗洛姆认为，爱不是与生俱来的，需要通过后天的努力和学习来培养。

◈ "现代人误以为自己知道自己想要什么，而实际上他所想要的是别人期望他要的东西。"

这句话揭示了现代人在追求自我认同和欲望满足时，往往受到外界期望和压力的影响，而非真正源自内心的需求。

◈ "拥有的多并不算富有，给予的多才算富有。"

弗洛姆认为，真正的富有不在于物质的拥有，而在于能够慷慨地给予他人，这种给予不仅限于物质，更包括精神层面的支持和关爱。

◈ "贪欲就是无底洞，无尽的欲念，让努力的人精疲力尽。"

他告诫我们，过度的欲望会吞噬我们的精力和幸福感，学会适度和知足是获得内心平静的关键。

◈ "爱，不是一种无须花费精力的享受，爱是一门艺术，它需要知识和努力。"

弗洛姆认为，爱不是一种自然而然就能获得的能力，而是需要通过学习和实践来掌握的艺术。

## 3.4　卡尔·罗杰斯：自我实现的旅程

"只有彻底接受自己的真实存在，
我们才能够有所变化，才能超越自己
现有的存在样式。"

——卡尔·罗杰斯

卡尔·罗杰斯（Carl Rogers）是一位著名的美国心理学家，他因在人本主义心理学领域的贡献而闻名于世。他提出了自我实现的概念，认为每个人都有潜力实现自己的潜能和自我成长。

你是谁？
你想成为什么样的人？

20 世纪初，卡尔·罗杰斯诞生在芝加哥郊区。他的童年被浓厚的宗教氛围所包围，但他的心灵却在科学的田野和书籍的海洋中自由翱翔。

卡尔的童年并不孤单，但内心深处，他总感到一种难以言说的孤独。他常常独自一人在农场里漫步，寻找鸡群觅食的规律，或者蹲在农场的角落，观察飞蛾的翅膀。

哥不是孤独，哥是在体验生活！

"妈妈，为什么飞蛾会扑向火光呢？"卡尔总是追着母亲问一些奇怪的问题。"孩子，那是因为它们被光亮所吸引，向往着光明，就像我们总是向往希望和真理。"母亲富含哲理的回答让卡尔似懂非懂。

长大之后，卡尔依旧保持着对农业科学的热爱，前往威斯康星大学的农学院里求学。

然而，随着学习的深入，他开始思考："我在这里学到了如何培育作物，但是如何培育人心呢？这或许更有研究意义！"卡尔在日记中写道。于是，他转而学习历史，希望成为一名牧师，传播爱与希望。

1922 年，作为美国大学代表之一，卡尔踏上了前往中国北京的旅程。在那里，他目睹了不同文化背景下人们的生活状况和理想信仰。

"我们虽然有着不同的肤色和语言，但我们追求幸福和意义的心是相通的。"卡尔在给好友的信中写道。这次旅行让他开始质疑自己深信不疑的宗教教条，也为他后来的心理学之路埋下了种子。

在纽约联合神学院深造期间，卡尔接触到了临床心理学，他发现自己对理解人类心灵深处的奥秘充满了好奇。

"卡尔，你听，每个心灵都有自己的声音，我们需要做的，是学会倾听。"一位教授在课堂上对卡尔说道。卡尔被这句话深深触动，他决定转学至哥伦比亚大学，投身于心理学的研究。

后来，在心理学领域学有所成的卡尔前往罗切斯特儿童指导中心工作。

在罗切斯特儿童指导中心工作的日子里，面对一个个需要帮助的孩子，卡尔开始尝试一种新的治疗方式，不是告诉他们该怎么做，而是倾听他们的声音，理解他们的感受。

"我相信你，孩子，你有能力找到自己的方向！"卡尔在治疗中经常这样鼓励孩子。这种以当事人为中心的治疗方法，后来成为他最著名的贡献。

卡尔·罗杰斯不仅是一位心理治疗师，更是一位思想家。他提出了"无条件积极关注"的概念，认为每个人都值得被爱，无论他们的行为如何。"我们不需要条件，只需要理解和尊重。"卡尔在一次演讲中强调。他的这些观点，为后来的人本主义心理学奠定了基础。

卡尔·罗杰斯提出的自我实现理论是其人本主义心理学的核心组成部分，这一理论强调人的内在潜能和成长的可能性。他的自我实现理论为理解人类行为和发展提供了一个积极的视角，强调了个体内在价值和成长潜力的重要性。这一理论在心理治疗、教育和个人发展领域产生了深远的影响。

## 【卡尔·罗杰斯经典语录】

◆　"美好的生活是自我实现的生活。"

罗杰斯认为，美好的生活不仅仅是一种状态，更是一个过程，即不断地追求和实现自我潜能的过程。

◆　"好的人生是一种过程，而不是一种状态；它是一个方向，而不是终点。"

罗杰斯强调，生活是一个不断发展和成长的过程，而非固定的状态或终点。

◆ "当我接纳自己原本的样子时，我就能改变了。"

罗杰斯认为，真正的改变始于自我接纳。

◆ "如果有人倾听你，不对你评头论足，不替你担惊受怕，也不想改变你，这多美好啊……每当我得到人们的倾听和理解，我就可以用新的眼光看世界，并继续前进……这真神奇呀，一旦有人倾听，看起来无法解决的问题就有了解决办法，千头万绪的思路也会变得清晰起来。"

这段话深情地描绘了倾听与被倾听之间那种无价的连接和力量，它触及了人类内心深处对于被理解和接纳的渴望。

◆ "接受真实，就是接受许多的不完美，这让我越发尊重复杂的生活过程，所以我不再急于设定目标、塑造他人、操纵他人。我变得更加满足于做我自己，同时让他人也可以做他自己。"

这段话深刻地体现了卡尔·罗杰斯人本主义心理学的核心理念——接受与尊重。他强调了"接受真实"的重要性，这不仅仅是对外在世界的接纳，更是对内在自我及他人不完美之处的深刻理解与包容。

## 3.5　西格蒙德·弗洛伊德：潜意识的奥秘

> "梦是欲望的满足，人们有所希
> 望，不能在现实中实现，故而寄托于
> 梦境。"——西格蒙德·弗洛伊德

西格蒙德·弗洛伊德，1856 年出生于奥地利，是现代心理学
之父和精神分析学派创始人。他提出潜意识、梦的解析、性欲和心
理防御机制等理论，对心理学、文化研究和文学创作产生深远影
响。弗洛伊德的著作如《梦的解析》等，被视为心理学发展史上的

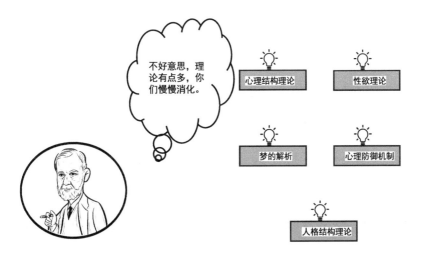

里程碑，确立了他在该领域的重要地位。他深入探讨了潜意识对梦境和日常生活的影响，为心理学领域带来了革命性的贡献。

接下来让我们看一张图，弗洛伊德大事记图。

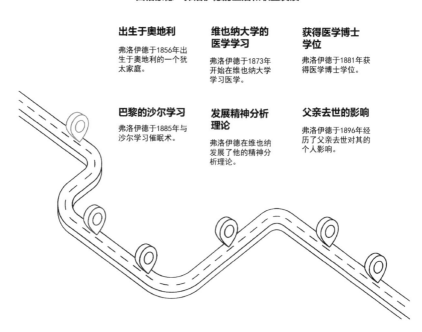

**西格蒙德·弗洛伊德的生活和职业发展**

**出生于奥地利**
弗洛伊德于1856年出生于奥地利的一个犹太家庭。

**维也纳大学的医学学习**
弗洛伊德于1873年开始在维也纳大学学习医学。

**获得医学博士学位**
弗洛伊德于1881年获得医学博士学位。

**巴黎的沙尔学习**
弗洛伊德于1885年与沙尔学习催眠术。

**发展精神分析理论**
弗洛伊德在维也纳发展了他的精神分析理论。

**父亲去世的影响**
弗洛伊德于1896年经历了父亲去世对其的个人影响。

在《梦的解析》中，弗洛伊德进一步探讨了潜意识概念，认为梦是无意识欲望和儿时欲望的伪装满足，是通往潜意识的桥梁。他提出梦有显相和隐相之分，显相是梦的表面现象，而隐相则是梦的本质内容，反映了真实欲望，这些往往通过梦境以象征的形式表达出来。通过对梦境的分析，弗洛伊德试图揭示梦的隐含意义，进而理解个体的心理困扰和行为模式。

临床实践和个人经历都推动着弗洛伊德提出精神分析学说中关于潜意识的核心理论，该理论对心理学领域产生了深远影响。

弗洛伊德的潜意识理论是精神分析学派的基石，他挑战了传统的心理学观念，将心理研究的焦点从意识层面扩展到了更为深广的无意识领域。他的理论不仅对心理学产生了深远的影响，也对文学、艺术、哲学乃至整个文化领域产生了广泛的影响。弗洛伊德的工作开辟了人类自我探索的新途径，尽管他的理论在当代仍存在争议，但其对潜意识的探索无疑为理解人类心理的复杂性提供了重要的视角。

## 潜意识的神秘力量

在弗洛伊德的精神分析理论中，潜意识的神秘力量总是以出人意料的方式影响着我们的生活。

彭成是一位勤奋的软件工程师，他总是对自己的工作成果追求完美。最近，他因为一个即将到来的项目截止日期而感到压力很大。作为彭成的朋友，我发现他最近压力过大，于是在一个风和日丽的周六，我约他在咖啡馆聊天。

在等待咖啡时，彭成迫不及待地打开了话匣子，"我昨晚做了一个奇怪的梦，梦见自己在一场考试中，但我完全没准备。"他皱着眉头，显得有些焦虑。

我好奇地挑起眉毛，身体微微前倾："听起来像是焦虑梦。你最近有什么考试或紧张的事情吗？"

彭成叹了口气，用手挠了挠头，显得有些不安。"实际上，下周是我一个重要项目的截止日期，但我总觉得自己还没准备好。"

我点了点头，眼神中透露出理解。"也许这就是你潜意识里的压力表现。正如弗洛伊德所说，梦是潜意识的表达。"

彭成若有所思地望着窗外，抿了一口咖啡。"对，我也是这么想的。但有趣的是，当我在梦中看到自己毫无准备时，我反而感到一种奇怪的解脱感。"他耸了耸肩，表情放松，嘴角露出一丝笑意，继续说道："我觉得可能是我的潜意识在告诉我，即使我没有做到完美，也没关系。这让我意识到我给自己的压力太大了。"

我微笑着轻轻拍了拍彭成的肩膀，"这很有趣。我也有过类似的经历。有时候，我会在梦中看到自己做一些我平时不敢做的事情，比如公开演讲或者冒险。"

听到我有类似的经历，彭成兴趣盎然，眼神充满好奇，追问道："那你觉得这是什么意思？"

我有点兴奋地说，"我认为这可能是我的潜意识在鼓励我，让我更勇敢，更自信。它可能是在提醒我，我有潜力去做这些事情，只是我自己没有意识到。"

说罢，彭成点头，表示赞同。"这真是太神奇了。我开始意识到，潜意识可能是我们内心最真实的声音，它知道我们真正想要什么，害怕什么。"

　　我认真地看着彭成，继续分享，"是的，我开始学习如何更好地倾听我的潜意识。比如，当我感到焦虑或犹豫时，我会尝试静下心来，反思我的感受和想法。"

　　彭成显得有些释然，双手交叉在胸前。"在日常生活中，我也发现，当我开始注意那些小的细节，比如我为什么会忘记某件事情，或者为什么会突然感到不安，我就能更好地理解自己。"

　　我俩情不自禁地举起咖啡，轻碰一下。望向彼此的眼神里充满着认同与鼓励，"是的，我认为这是一个很好的方法。它帮助我们更深入地了解自己的内心世界，也让我们能够更真实地面对自己。"

　　彭成感激地看着我，目光温暖："谢谢你。和你聊天总是那么启发人心。我期待继续探索这个神秘的潜意识世界。"

　　我轻声笑了笑，摆了摆手，继续鼓励着他，"前段时间你一直很焦虑，压力很大。又深陷梦中，连梦里都很焦虑。但现在你开始探索自己的潜意识，解读那些潜藏的意义。我相信这将帮助你去更加深入地了解自己，更自信地面对生活。"

　　在这次深刻的对话中，彭成和我共同探讨了潜意识的神秘力量。通过分享梦境和日常经历，我们发现了潜意识在塑造我们行为和决策中的作用。彭成学会了倾听内心的声音，而我更加坚信，潜意识是我们自我发现之旅中不可或缺的一部分。我们都意识到，只有通过理解和探索潜意识，我们才能更真实、更自信地面对生活中的每一个挑战。

## 【弗洛伊德经典语录】

◆ "人生有两大悲剧：一个是没有得到你心爱的东西；另一个是得到了你心爱的东西。人生有两大快乐：一个是没有得到你心爱的东西，于是可以寻求和创造；另一个是得到了你心爱的东西，于是可以去品味和体验。"

这句话揭示了人们对于欲望的追求和满足之间的矛盾，以及得失之间带来的快乐和痛苦。

◆ "人生就像弈棋，一步失误，全盘皆输，这是令人悲哀之事；而且人生还不如弈棋，不可能再来一局，也不能悔棋。"

这句话警示我们在人生道路上要谨慎行事，因为每一个决定都可能对未来产生深远的影响。

◆ "没有所谓玩笑，所有的玩笑都有认真的成分。"

这句话反映了弗洛伊德对潜意识的重视，他认为玩笑中往往蕴含着人们内心深处的想法和情感。

◆ "没有口误这回事，所有的口误都是潜意识的真实流露。"

这句话进一步强调了潜意识在言语行为中的影响，口误往往是内心真实想法的无意泄露。

◆　"梦是欲望的满足，人们有所希望，不能在现实中实现，故而寄托于梦境。"

这是弗洛伊德梦论的核心观点，他认为梦境是潜意识愿望的达成，通过解析梦境可以揭示人们内心深处的欲望和冲突。

◆　"我们整个心理活动似乎都是在下决心去求取欢乐，避免痛苦，而且自动地受唯乐原则的调节。"

这是弗洛伊德心理分析理论中的重要组成部分，弗洛伊德认为，人类心理活动的主要驱动力是追求快乐与避免痛苦，但这种追求受到人格结构（本我、自我、超我）和现实环境的复杂制约。

◆　"我们发现，生活对我们来说太艰难了；它给我们带来了太多的痛苦、失望和不可能完成的任务。为了忍受它，我们不能放弃缓解措施……大概有三种这样的衡量标准：强有力的转移，使我们轻视自己的痛苦；替代性的满足，减轻痛苦；令人陶醉的物质，使我们对痛苦麻木不仁。"

面对人生的困难与挑战，弗洛伊德提出了三种缓解措施，这些措施反映了人类在面对痛苦和失望时的一种自我保护机制，要以健康的、积极的方式面对生活。

# 3.6 卡尔·荣格：集体潜意识与心理原型

"你未觉察到的潜意识决定着你的
人生，你却将其称之为'命运'。"

——卡尔·荣格

卡尔·荣格是著名的瑞士心理学家，他提出了集体潜意识和心理原型的概念，认为人格由意识、个体潜意识和集体潜意识三部分组成，其中集体潜意识是从祖先那里传承下来的，与本能和原型有

卡尔·荣格(Carl Gustav Jung, 1875-1961)瑞士心理学家，创立了荣格人格分析心理学理论

一生的标签：
孤独

幼时的荣格是一个奇怪而忧郁的小孩，平时多是与自己作伴，常常以一些幻想游戏自娱

与其做好人，我宁愿做一个完整的人

1号人格：正常人

2号人格：多疑，远离他人

弗洛伊德是他遇见的最重要的人

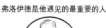

学术理论

人格整体论：
· 意识
· 个体潜意识
· 集体潜意识

关。荣格的原型理论是其理论的重要组成部分，他研究了众多文化象征和神话来定义 12 种原型，这些原型包括天真者、智者、探险者等，它们在不同生活方式中体现出来，也存在于集体无意识中。

1875 年 7 月 26 日荣格出生于瑞士凯斯威尔的一个宗教家庭，他的父亲是一位牧师。荣格在六岁时开始上学，父亲开始教他拉丁语。

荣格的童年相对孤独忧郁，他常常沉浸在自己的幻想世界中。荣格在孤独时常常会自言自语："我必须找到自己的道路，即使这是一条孤独的路。"

哎，我到底是有多孤独，才能说出这样的名言！

荣格在十二岁时经历了一次脑部重击，随后数月内经常昏厥，但最终通过自己的意志力克服了这一困难。

长大之后，面对大学专业的选择时，荣格意志坚定："父亲，我决定学习医学。我相信通过医学学习，会更好地帮助我理解人类的心理变化和生理需求。"

在父亲的支持下，荣格前往巴塞尔大学学习医学，并在1894年开始了他的医学研究。在大学期间，他对精神现象产生了浓厚的兴趣，并发表了关于神学和心理学的演说："我认为心理学和精神现象之间存在着深刻的联系，我们需要更加深入地研究它们。"

1900年，荣格在苏黎世的Burghölzli精神病院担任助理医师，开始了他在精神病学领域的工作。正是这段在精神病院实习的经历，让荣格对弗洛伊德的精神分析有了更深刻的认识。

荣格最初是弗洛伊德精神分析理论的追随者，但后来他逐渐发展出了自己的理论，包括集体潜意识、原型、自我、力比多等概念。

荣格与弗洛伊德的分歧最终导致两人在1913年正式决裂。

荣格的理论与弗洛伊德的理论存在明显差异，尤其是在对力比多（力比多是弗洛伊德心理学理论中的一个核心概念，用来描述一种基本的、与性欲相关的精神能量或驱动力）的看法上。荣格认为性本能只是人本能的一个普通方面，而力比多则是爱、成长和发展的力量，这与弗洛伊德将力比多视为性本能的观点不同。此外，荣格在人性的看法上持乐观态度，表现出与人本主义心理学思想的一致性，而弗洛伊德则相对悲观。

后来，荣格进一步发展了他的分析心理学，包括性格类型理论、共时性原理等。他的著作十分广泛，包括《无意识过程心理学》《心理类型》《分析心理学与梦的释义》和《记忆、梦、思考》等。

荣格将集体潜意识视为人格结构的一个重要层次，它不是被遗忘的部分，而是我们一直都意识不到的东西。原型是集体潜意识中形象的总汇，是一种本原的模型，其他各种存在都根据这种原型而成形。原型本身没有自己的形式，但它表现就有如我们所见、所为的"组织原理"。

荣格的集体潜意识理论是他心理学思想中极具创新性、引人深思且富有争议的部分。他认为集体潜意识的内容是人类共通的，反映了人类作为一个整体的共同经验。

荣格的集体潜意识理论在心理学界产生了深远影响，但也面临着一些争议和批评。一些学者认为，集体潜意识的概念过于模糊和抽象，难以用科学方法进行研究和验证。此外，一些批评者还指出，荣格的理论过于强调人类心理的共同性和普遍性，而忽视了文化和社会差异对个体心理的影响。

荣格的研究范围广泛，还涉及文学、艺术、历史和宗教等多个领域。他的分析心理学不仅关注个体的心理发展，还强调了个体与集体心理的文化历史联系，为我们理解人类心理和文化提供了丰富的资源。

## 缺乏意义与方向的人生

我是一名心理学老师，在新西兰奥克兰大学教授心理学课程。尽管我研究的是如何理解和分析人的心理，但我自己却面临着一个难题：我感觉自己的生活缺乏真正的意义和方向。

一天晚上，我做了一个梦，梦见自己站在一片无边无际的黑暗森林中，四周充满了未知的威胁。我惊醒了，汗水浸湿了枕头。第二天，我在课堂上与学生们分享了这个梦，并询问他们的看法。

学生A："老师，这可能是您潜意识中的某种焦虑或恐惧。"

学生B："或许您需要更深入地了解自己。"

我意识到，我需要重新审视自己的内心世界。课后，我翻阅了荣格的《人及其象征》，试图从中找到答案。书中关于集体无意识和原型的理论引起了我的注意，我开始思考这些概念与梦境的关系。

后来，我向一位心理医生咨询。

我："张医生，我最近在阅读荣格的作品，尤其是关于原型的理论，我觉得这可能与我的梦境有关。"

张医生："荣格的理论确实提供了一种理解梦境的框架。"

在张医生的引导下，我开始绘画，将梦境中的象征转化为画布上的色彩和形状。我发现，每当我完成一幅画，就感觉自己的内心更加平静。

我："这些画让我感觉好多了，我好像终于找到了一种表达自己的方式。"

张医生微笑着点头："艺术是一种强大的自我表达工具，它可以帮助你连接自己的内在世界。"

后来，我经常用画画来寻找自己的内心世界，这让我的焦虑和恐惧有所缓解。

随着对艺术的深入研究，我开始对家族的文化传统产生了兴趣。我寻找有关祖先的书籍来阅读，学习他们的语言和艺术。我发现，尽管我从未亲身体验过这些文化，但我对它们有着一种深刻的认同感。

我开始参加文化活动，学习家族的历史。这个过程不仅加深了我对家族传统的理解，也加深了我们夫妻之间的关系。

然而，每到深夜，我又陷入自我反省中，我经常因为自己在工作中和生活中的一些过错而感到羞愧。

无奈之下，我又找到了张医生，张医生劝我说："这是一个很好的自我认识的机会。荣格的理论认为，面对和接受我们的阴影是个体化过程的一部分。"

通过心理咨询，我开始面对这些阴影，接受自己的不完美。这个过程虽然痛苦，但也让我变得更加真实。

现在，我仍然在探索和成长。我知道这个过程永远不会结束，但我已经学会了欣赏这个旅程。荣格的理论给了我一个框架，让我能够理解自己，接受自己，并继续前进。

## 【卡尔·荣格经典语录】

◆ "孤独不是来自于无人陪伴，而是自己重视的事情无人诉说，或者持有某些他人难以接受的观点。"

这句话深刻揭示了孤独的本质。

◆ "往外张望的人在做梦，向内审视的人才是清醒的。"

这句话强调了自省的重要性，认为只有通过内在的反思，人们才能获得真正的成长和觉醒。

◆ "一个人毕其一生的努力，就是在整合他自童年时代起就已形成的性格。"

荣格认为人的成长过程受童年时代的影响极为深远，我们需要努力整合自己的性格，以实现内在的和谐与完整。

◆ "人类对自己的了解，宛如暗夜行路，要了解自己，就需要他人的力量。"

他指出，了解自己是人类永恒的课题，而这个过程需要他人的帮助和反馈。

◆ "与其做好人，我宁愿做一个完整的人。"

他提倡的不是迎合他人期待，而是实现自我内在的完整和统一。

◆ "人类存在的唯一目的，是在纯粹的自在的黑暗中点亮一盏灯。"

荣格认为人类生存在世上的最终目的是通过自我实现和意义探索，为自己和他人点亮生命之灯。

## 3.7　亚伯林罕·马斯洛：需求层次与自我实现

"如果你手里有一把锤子，所有东
西看上去都像钉子。"
——马斯洛

亚伯拉罕·哈罗德·马斯洛是美国著名心理学家，因其提出的需求层次理论和自我实现概念而广受赞誉。马斯洛的需求层次理论，将人的需求从基础到高级依次划分为五个层次。自我实现是马斯洛需求层次理论中的最高层级，指个体实现自身潜能、追求卓越和完善自我的过程，体现了人的内在成长和创造力。在自我实现的过程中，人们会不断探索、学习和成长，以实现自己的潜能和价值。马斯洛的理论强调，人们在满足低层次需求后，会追求更高层次的需求，直至达到自我实现的境界。这一理论不仅揭示了人类需求的层次性和递进性，也鼓励人们不断追求自我超越和个人成长。马斯洛的需求层次理论和自我实现概念为我们理解人类行为提供了独特的视角，也为教育、管理等领域提供了宝贵的启示。

亚伯拉罕·哈罗德·马斯洛
(Abraham Harold Maslow 1908-1970)，
美国著名社会心理学家，第三代心理学的开创者。
他的主要成就包括提出了人本主义心理学

悲惨的童年，从未得到母亲的关爱

书籍是唯一的避难所

"我十分孤独不幸。我是在图书馆的书籍中长大的，几乎没有任何朋友。"

哥的需求层次理论，想必大家都听说过吧

受儿时经历的影响，成名之后的马斯洛依然对演讲极为焦虑

重获新生

马斯洛宣称，他真正的生命是从结婚和转学威斯康星大学时开始的，那时马斯洛20岁，贝莎19岁

需求层次理论

1908 年 4 月 1 日，马斯洛出生在纽约布鲁克林的一个犹太移民家庭。他的童年并不幸福，马斯洛的母亲是一个严厉而传统的

人，母子关系疏远。加之身体瘦弱和反犹太主义的欺凌，使得马斯洛在成长过程中感到孤独和不快乐。

然而，这些经历并未击垮他，反而激发了他对心理学的浓厚兴趣。在高中时期，他遇到了两位对他影响深远的老师，物理老师塞巴斯蒂安·利特尔和文化哲学老师威廉·格雷厄姆·萨姆纳，他们的教导激发了他对心理学和社会问题的兴趣。

1930 年，马斯洛在康奈尔大学攻读心理学研究生学位，随后在威斯康星大学麦迪逊分校继续深造，并在 1934 年获得心理学博士学位。在学术生涯早期，马斯洛的研究主要集中在灵长类动物行为上，尤其是对黑猩猩的观察，这些研究为他后来的理论打下了基础。

1954 年，马斯洛在《人类动机论》一书中首次提出了需求层次理论。他认为人的需求可以分为五个层次：生理需求、安全需求、社交需求、尊重需求和自我实现需求。这一理论的提出，标志着马斯洛对人类动机和行为的深刻洞察。他认为，只有当较低层次的需求得到满足后，人们才会追求更高层次的需求。

马斯洛并未就此满足，他的理论随着对自我实现个体的深入研究而不断完善。马斯洛进一步将需求分为缺失性需求和成长性需求，其中生理、安全、社交和尊重需求属于缺失性，而自我实现需求则属于成长性。以下是马斯洛需求层次与自我实现的关键概念。

⊙ 生理需求：生理需求是最基本的人类需求，包括食物、水、睡眠和呼吸等，它们是生存的基础，必须首先得到满足。

⊙ 安全需求：安全需求涉及对稳定和安全的追求，包括身体安全、就业、资源、健康和财产保护，以避免身体和心理上的威胁。

⊙ 社交需求：社交需求也称为归属需求，指个体对于友谊、亲情和爱情的渴望，以及成为社会群体一部分的需要，寻求归属感和社交联系。

⊙ 尊重需求：尊重需求反映了个体对自尊、自信、成就和他人认可的追求，包括尊重自己和被他人尊重，与个人地位和社会认可相关。

⊙ 自我实现需求：自我实现需求是马斯洛需求层次的最高层，指个体追求个人潜能、创造力和自我发展的愿望，对实现自我价值和生命意义的渴望。

马斯洛的个人成长经历与其理论发展紧密相连。童年的孤独和被排斥让他对人类的基本需求有了更深刻的认识。他的理论不仅在心理学领域产生了革命性的影响，更为个体发展和组织管理提供了实用的框架。马斯洛鼓励人们追求自我实现，实现个人潜能的最大化，这一理念至今仍激励着无数人追求自我超越。

**我的成长史**

当年，我带着满腔热血和简单的行李，从农村来到了这座璀璨的大都市求学。

毕业后，我在一家小企业找到了一份工作。每天下班，我拖着疲惫的身躯回到狭小的出租屋里，常常已是夜幕降临。妈妈时常打来视频电话，关切地问："小雷，今天工作怎么样？看你累坏了。"我叹了口气，回答："是挺累的，但我得坚持。现在最重要的是有稳定收入，能吃饱饭，有个地方住。"

几个月后，我对公司的未来感到担忧。市场行情不断变化，我所在的小公司逐步转型，我负责的业务线被逐步取消。同组的人一个接一个地提出辞职。在视频通话里，我向妈妈表达了自己的担忧："妈，我这份工作干得不错，也学到了很多东西。但现在公司转型，我负责的业务逐渐被取消了，不少人离职。我想换一个更加稳定的工作，跟新公司签订长期合同。这样我就能感到更安全，不用担心随时丢掉工作。"

工作稳定后，我时常感到孤独。每天下班后便回到家中，鲜少与人聚会，就连周末也是一个人宅在家中。长此以往，我感到心里空落落的。妈妈察觉到我情绪低落，主动询问："小雷，我看你最近总是一个人，是不是觉得孤单？"我向母亲敞开心扉："是的，我确实感觉有些孤单。城市的生活节奏很快，下班后觉得精疲力竭，只想快点回家休息。周末时间比较充足，又不知道去哪玩？找谁玩？"妈妈鼓励我多参加社交活动。我喜欢打篮球，便参加了公司的篮球队，闲暇时时常与队友相约打球。渐渐地，我结交了不少朋友。

几年过去了，我在工作中取得了显著成绩。在一次汇报中，我自信地说："我对项目的成功投入了很多，希望我的努力能得到公司的认可。"公司领导都很认可我的工作成绩，我得到了公司的肯定，也得到了晋升机会。

事业有成后，我开始发展自己的兴趣爱好，还举办了个人画展。在画展上，我高兴地对现场的观众说："我经历过吃不饱、穿不暖、居无定所的生活，这些年我不断努力，工作有所成。但我一直在追求的不仅仅是物质上的满足，还有自我表达的渴望。我喜欢绘画，且勇敢追求，举办了一次又一次画展。"在场的观众被我的热情感染了。

紧接着，我当场宣布要组建画室，投入资金，帮助贫困儿童学习绘画："我曾教过一个贫困小孩画画，这让我感到十分充实。我想我找到了超越自我的方式。因此我要组建画室，帮助更多的人，让我的生活更富有价值。"

下一站，翻身！

"人生的目标是寻找生活的意义，是成长，是个体的成长。"——马斯洛

这句话强调了对人生意义的探索与个体成长之间的紧密联系。

回望我的成长史，我发现自己的经历与马斯洛的需求层次高度契合。从基本的生理需求到安全、社交、尊重，再到自我实现，最终达到超越自我，为社会贡献自己的力量。这不仅是我个人成长的历程，也是每个人在追求更美好生活中的共同旅程。

## 【马斯洛经典语录】

◆ "心若改变，你的态度跟着改变；态度改变，你的习惯跟着改变；习惯改变，你的性格跟着改变；性格改变，你的人生跟着改变。"

这句话强调了心态对行为和人生的深远影响。

◆ "如果你手里有一把锤子，所有东西看上去都像钉子。"

这句话以生动的比喻说明了人们往往根据自己的需求和经验来解读世界，即"需求决定认知"。

◆ "人们需要爱，爱不只是关于被爱，也包括爱别人。"

马斯洛强调了爱在人际关系中的双向性，即既要接受爱，也要付出爱。

◆ "人的潜能是一种内在的、内部的、伴随着个体的成长而增加的、不断发展的东西。"

马斯洛认为，人的潜能是无限的，随着个体的成长而不断发展。

◆ "为了避免对人性失望，我们必须首先放弃对人性的幻想。"

这句话提醒我们要以现实的态度看待人性。

# 3.8　威廉·詹姆斯：实用主义哲学

> 改变你的想法，就能改变你的
> 生活。
>
> ——威廉·詹姆斯

威廉·詹姆斯是美国心理学和哲学领域的重要人物，被誉为美国心理学之父。他不仅在心理学领域有着深远的影响，还是实用主义哲学的倡导者之一。他的实用主义思想主张真理是相对的，取决于其在实际应用中的效果，而非绝对的或不变的。

詹姆斯出生于一个富裕家庭，其祖父因投资伊利运河而成为富豪。他的父亲老亨利·詹姆斯是一位哲学神学家，对子女教育非常重视，鼓励他们独立求知和批判性讨论。他经常告诉孩子们，不要害怕质疑一切，包括我说过的话。真理往往隐藏在挑战之后。"这句话植根于威廉的心灵深处。

年轻的詹姆斯经常往返于欧洲和美国之间，从日内瓦的法语学习到纽波特的艺术熏陶，他的世界观在多元文化的碰撞中逐渐形成。

然而，他的学术之路并非一帆风顺。在哈佛大学，詹姆斯先是被化学吸引，随后又转向了生物学的研究。在著名动物学家路易·阿加西斯的影响下，他投身于自然科学研究。某次前往巴西的科学考察让他感染了天花，这让他开始反思自己的职业选择。

在经历了一段时间的疾病和抑郁后，詹姆斯决定继续他的医学学业，并最终获得了哈佛大学的医学博士学位。但他并没有成为一名医生，而是将自己的注意力转向了心理学这一新兴领域。

詹姆斯于 1875 年开设了美国第一个心理学课程，并建立了心理实验室，比冯特早了两年。在哈佛大学的讲堂上，詹姆斯首次开设的心理学课程吸引了众多学生旁听。

后来，詹姆斯应邀编写《心理学原理》。最初，他预计两年内完成，但这本书最终耗费了他十二年的时间。"詹姆斯，这本书的进度如何？"时不时听到出版商的询问。"唉，这个过程比我想象的要艰难得多，但我必须完成它。"詹姆斯十分无奈，却又坚定。

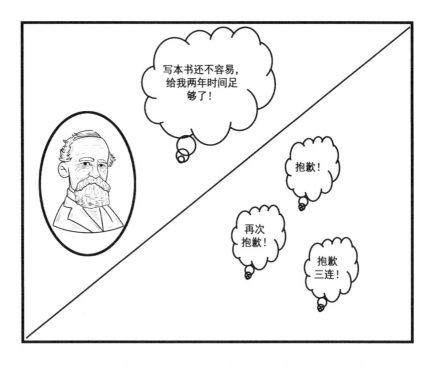

最终在 1890 年，《心理学原理》顺利出版，书中总结了 19 世纪的心理学研究成果，是他的实用主义哲学的心理学实践，并为美国机能主义心理学的发展指明了方向，成为了心理学领域的经典著作。

在心理学领域，詹姆斯提出了"意识流"的概念，强调意识是一个连续变化的过程。他还提出了著名的詹姆斯 - 朗格情绪理论，认为情绪体验是由生理变化所引起的。此外，他关于自我的分析对后来的心理学研究产生了深远影响。

经典都是时间磨出来的！

《心理学原理》

在哲学领域，詹姆斯是实用主义哲学的倡导者，他在 1907 年出版的著作《实用主义》中对实用主义哲学进行了系统阐述，进一步发展了实用主义哲学，并使之更加体系化。

威廉·詹姆斯不仅是一个在学术上取得卓越成就的学者，更是一个在个人生活中不断抗争和寻求自我提升的人。威廉·詹姆斯的个人生活颇为坎坷，他一生都在与重度抑郁症和恐慌症进行斗争。在经历了一段长时间的自我探索和治疗之后，他找到了一种独特的方法来对抗自己的疾病。正如他自己所言："我的第一个自由意志行动应该是相信自由意志。"他拒绝了唯物主义决定论，转而选择相信自由意志，这标志着他个人抗争和哲学思考的一个重要转折。

詹姆斯深受抑郁症的折磨，曾经想过自杀。但在阅读了法国哲学家查尔斯·雷诺维耶的作品后，他决心通过对意志功效的信仰来治愈自己的病。他认为，意识在进化过程中的存在必然有其作用，我们的意识流和注意力选择可以引导我们的情绪和行为。这一转变对他的心理健康产生了积极的影响，使他逐渐从抑郁中恢复出来。

除了对哲学和心理学的研究，詹姆斯对宗教和精神信仰也表现出浓厚的兴趣。他相信宗教经验能够治愈人们，提高生活质量，并对此进行了深入研究。在他的著作《宗教经验之种种》中，他探讨了不同宗教经验的共通之处，以及它们对个人的积极影响。

詹姆斯还探讨过超个人心理现象，他相信人的精神生活有超越生物学概念的地方，可以通过某些现象领会到"超越性价值"。他参与了类似禅坐的静坐活动，并表示静坐能够唤起深度的意志力，增加个人的活力与生命力。此外，他对超意识的自动书写也很感兴趣，并收集了大量案例进行研究。同时，詹姆斯是一个充满好奇心和探索欲的人。

总之，威廉·詹姆斯的学术成就离不开个人的努力和对心理学的探索，他的实用主义心理学思想对后来心理学特别是机能主义心理学的发展产生了重要影响，他的理论推动了情绪生理机制的实验研究，并预示了 20 世纪行为主义的诞生。同时，他的实用主义哲学也为解决当时哲学界的纷争问题提供了新的方法和视角。

## 【威廉·詹姆斯经典语录】

◆ "我们每个人在内心深处都觉得，对于生命持一种无忧无虑的淡泊态度，将抵偿他自身的一切缺点。"

◆ "播下一个行为，你将收获一种习惯；播下一个习惯，你将收获一种性格；播下一种性格，你将收获一种命运。"

◆ "改变你的想法，你就能改变你的生活。"

◆ "人类本质中最殷切的需求是渴望被肯定。"

◆ "你对生活撒的谎，生活一定会还给你，没有侥幸。"

这句话警示人们要诚实面对生活，因为任何虚伪和谎言最终都会得到应有的报应。

◆ "智慧的艺术就是懂得该宽容什么的艺术。"

这句话强调了宽容在智慧中的重要性，即在纷繁复杂的世界中，懂得何时何地宽容是智慧的一种表现。

◆ "一个人停止成长的那一刻，不管他年龄多大，都是他开始垂暮之时。"

詹姆斯强调了持续成长的重要性，认为只有不断学习、不断进步，才能保持年轻的心态和活力。

◆ "相信生活值得我们为之活下去，而这种信念将给你创造生活的价值。"

这句话体现了威廉·詹姆斯对生活的积极态度。

# 第 4 章

## 认知偏差：那些人类无法摆脱的心理现象

## 4.1 后视偏差——你没自己想象得那么聪明

我们在日常生活中时常面临"事后诸葛亮""马后炮"所描述的情况，事情发生之前我们往往不会想到这件事情会发生，然而事后我们看出了导致事件发生的原因，又认为它是不可避免的。也就是说，我们往往在事情失败后才解释为什么失败。这种现象在心理学上被称为"后视偏差"，即个体面临不确定性事件及新的信息时，

注释：法国足球运动员姆巴佩，被中国球迷亲切地称为"忍者神龟"。

往往对先前获得的信息有过高的估价，进而在决策上发生偏差。

生活中，这样的例子比比皆是。如在股市中，在股票价格上涨或下跌时，投资者常常会说："我早知道这个股票会跌！早就知道要卖出！"在一些体育比赛中，比赛结果揭晓后，观众可能会说："我早就知道是这个结果！"

但实际上，在比赛的过程中，观众却并没有表现出这样准确的预测能力。这都是我们常说的"事后诸葛亮"。关于此，在心理学和行为科学领域产生了广泛讨论，后视偏差的概念也被提出。

心理学家通过观察和实验，发现人们在面对事件结果时，往往会重构自己的记忆和判断，从而产生后视偏差。例如有一项研究，就向我们展示了后视偏差现象：

在一次实验中，安排被试者观看一段视频，然后告知被试者视频中人物的职业，再让其描述视频中人物的特征。

当被告知视频中的人物是一位教师时，被试者会描述"戴眼镜、衣服口袋别着一支钢笔"等特征；而被告知视频中的人物是一位家庭主妇时，被试者会描述"裙子上很多褶皱、戴着婚戒、手部粗糙"等特征。并且，多数被试者表示，"早就猜到人物的职业，因此注意到相关特征。"

实际上，视频主人公的真正职业是一位售货员。这个实验展示了后视偏差的心理错觉，即人们在知道结果后，往往会错误地认为自己事先已经预见到了结果。

后视偏差理论的提出不仅丰富了心理学和认知科学的理论体系，还为实际应用提供了重要的指导和参考，具有广泛的社会和学术价值。该理论揭示了人们在知道结果后倾向于错误地认为自己事先能预见结果的心理现象，有助于提高决策质量、促进自我反思、增强风险意识、改善责任归因、优化企业管理，具有重要的理论和实践意义。

## 4.2　证实偏差——为什么我们只能看到自己想看到的世界？

在互联网时代，网络暴力事件屡见不鲜。很多事情人们可能在未完全了解真相的情况下，便急于在网上输出，表达自己的观点，而这有可能会酿成大祸，造成网络暴力。我们似乎总是倾向于相信那些符合我们预期的信息，这种现象的背后体现着证实偏差。

证实偏差是一种普遍存在的认知偏差，它描述了人们在确立了某一个信念或观念后，在收集和分析信息的过程中，倾向于寻找支持这个信念的证据，而忽略或贬低那些与自己观点相悖的信息。这种偏差会影响人们的判断和决策，使他们过于自信地坚持自己的观点，即使这些观点可能是错误的。

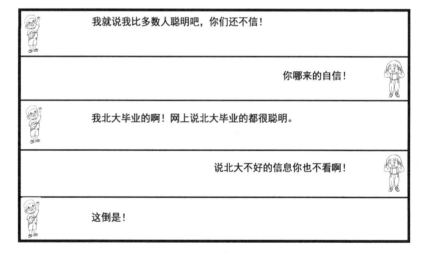

早在 20 世纪 50 年代，心理学家就开始注意到人们在处理信息时存在选择性注意的现象。他们发现，人们倾向于关注那些支持自己观点的信息，而忽略那些反对自己观点的信息。

到了 20 世纪 60 年代和 70 年代，心理学家通过一系列实验开始系统地研究这一现象。例如，彼得·瓦森（Peter Wason）的"2-4-6 任务"实验就是一个经典的证实偏差实验。

在这个实验中，参与者被告知一个数字序列遵循某个未知的规则，并要求他们找出这个规则。实验者首先给出了一个示例序列"2-4-6"，然后让参与者生成他们认为符合规则的数字序列。大多数参与者会测试那些看似符合规则的序列，如"8-10-12"，而忽视了测试那些可能反驳他们假设的序列，如"1-3-5"。

随着研究的深入，心理学家逐渐认识到这种现象不仅仅是简单的选择性注意，而是一种更广泛的认知偏差。这种偏差涉及信息的搜索、解释和记忆等多个方面。

根据相关研究，证实偏差的出现与如下因素紧密相关。

人具有社会性，很可能因个人经历和文化背景的不同而形成自己的独特观念，在评价事物时容易从自身视角出发，忽略其他因素，出现偏差。

预设立场。如果说，一开始便预设立场，倾向于接受符合自身观点的信息，对不相符的信息十分抵触，那么也会影响评价的客观性。

趋利避害的本能。这也进一步加剧了认知偏差，使得人们在面对与自身观念不一致的看法时，往往不愿接受或深入思考，从而阻碍了全面、客观地认识事物。

证实偏差在日常生活中普遍存在，影响着我们的决策和判断。我们进一步来谈谈证实偏差带来的危害。

决策失误。证实偏差会导致人们在决策时仅考虑支持自己观点的信息，忽视或贬低相反证据，从而做出错误的判断和选择。

认知僵化。当个体坚持自己的观点并不断寻找支持性证据时，认知可能会变得僵化，难以接受新的观点或信息，个人的学习能力与创新能力也因此受到限制，思维的开放性和灵活性也会较差。

社会冲突。如果说，个体只关注支持自己立场的信息，忽视不同意见，那么可能会带来人际关系的矛盾。严重时，甚至可能导致社会分裂与对立。

但我们对此并非束手无策，实际上，我们可以有意识地通过主动寻找反对证据、培养多元思维、证伪思维等方法，增加信息来源的多样性，减少单一视角的局限性，进行辩证的思考，从而有效避免证实偏差所带来的负面影响。

**如何规避证实偏差？**

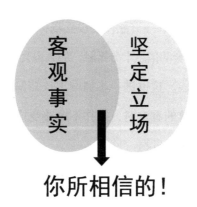

我讲一种方法，竞争性假设分析法，指的是决策者在分析原有假设时，要充分考虑其他可能的假设。仔细权衡各种可能的假设与证据之间的关系，从而减少证实性偏差。

我用一个例子具体讲解。

假设一名高中生李明，面临大学即将选专业的问题，他最初对计算机科学非常感兴趣，并且看到很多该专业就业前景光明的报道，这让他更加坚定了自己的选择。然而，为了更全面地做出决策，李明决定采用多元思维和竞争性假设分析法来评估不同的选项。

第一步：充分考虑各种可能的假设，并在更大范围内列举证据，于是他得出三种假设。

假设 1：计算机科学是我真正热爱的专业，且未来就业前景广阔。

假设 2：我对计算机科学感兴趣，但其他专业（如心理学或环境科学）也可能同样有趣且薪水不错。

假设 3：社会上已经有太多人选择计算机科学专业，因此该选择可能过于跟风，没有充分考虑个人兴趣和长期职业规划。

第二步：列举证据并构建"假设 - 证据"矩阵，对每个证据与每个假设是否一致进行判断。

第三步：重新组织假设并进行一致性评估。

| 假设 | 支持证据 | 反对证据 |
|------|----------|----------|
| 假设 1 | 1. 计算机科学专业薪资高<br>2. 就业市场需求大<br>3. 个人对编程有浓厚兴趣 | 1. 长时间面对电脑对于视力、健康都有影响<br>2. 竞争激烈，工作压力大 |
| 假设 2 | 1. 对心理学书籍和课程感兴趣<br>2. 环境科学对社会有重要贡献<br>3. 这些领域也能提供多样化的职业选择，而且薪水尚可 | 1. 对这些领域的了解不如计算机科学专业深入<br>2. 就业市场可能不如计算机科学热门 |
| 假设 3 | 1. 身边很多人都在学计算机科学专业<br>2. 社交媒体上充斥着相关成功的案例 | 1. 个人兴趣可能受到外界影响<br>2. 缺乏对其他专业的深入探索 |

李明重新审视了每个假设与证据的一致性，发现假设一虽然有很多支持证据，但也存在显著的反对证据。同时，他意识到自己对心理学和环境科学也有一定的兴趣，并且这些领域同样能提供有意义、薪资尚可的职业道路。

第四步：标注与所有假设都一致的证据，形成初步结论。

李明发现，没有一个证据能够完全支持所有假设，但也没有一个假设能被完全否定。他意识到，最重要的是找到那个既能满足自己兴趣，又能符合长期职业规划的专业。

第五步：针对关键证据进行重新评估。

李明决定对"计算机科学就业前景广阔"这一关键证据进行深入分析。通过对市场进一步分析，李明了解到虽然计算机科学领域目前需求旺盛，但未来趋势难以预测，因为市场涌入了过多的从业者，而且他认为个人兴趣和长期满足感同样重要。同时，他还咨询了多位在该领域工作的前辈，了解了实际工作中的挑战和乐趣。

最终决策。

经过分析和权衡，李明决定不仅要考虑计算机科学专业的就业前景，还要结合自己的兴趣和长期职业规划。因此最终决定如下：

选择计算机科学作为主修专业，但同时辅修心理学或环境科学相关课程，以保持对多个领域的兴趣和探索。

## 4.3 幸存者偏差——为什么我们只看得见成功？

"胜者为王，败者为寇。"我们对这句话并不陌生，这句话强调了人们通常只记住、称赞胜利者，而失败者则往往被忽视或遗忘。我们倾向于从成功者那里寻找模式和经验，而忽略了失败者可能有同样重要的经验和教训，这体现的便是幸存者偏差。

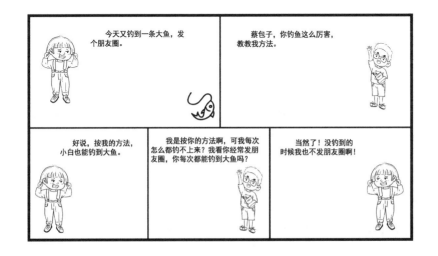

幸存者偏差是一种逻辑谬误，它发生在人们只关注那些在特定选择过程中"幸存"下来的例子，而忽略了那些失败或被淘汰的例子。这种偏差通常出现在对成功案例的分析中，导致对成功因素的评估不全面。

幸存者偏差的概念最早在第二次世界大战期间由统计学家亚伯拉罕·瓦尔德提出。瓦尔德是一位罗马尼亚出生的数学家，他在40年代初期受美国军方委托，对战争中飞机的损伤数据进行分析，以找出飞机最需要加强防护的部位。

瓦尔德教授在分析了大量从战场上返回的飞机后，发现机翼是最容易受到攻击的部位，而机尾则相对较少被击中。初步看来，这似乎指向了应该加强机翼的防护。

然而，瓦尔德教授意识到这些数据只包括了那些能够安全返回的飞机。换句话说，这些飞机尽管机翼受损，但仍然能够飞行并返回基地。

这正是问题的关键，那些机尾受到重创的飞机很可能已经无法返回，因此它们没有出现在他的数据样本中。基于这一逻辑，瓦尔德建议应该加强飞机的机尾防护，而不是机翼。事实证明，这一决策极大地提高了飞机的生存率。

瓦尔德教授的这一分析方法后来被称为"幸存者偏差"，它提醒我们在评估问题时，不能只关注那些"幸存"下来的案例，而忽略了那些因为某些原因而未能"幸存"的案例。

　　从心理学的角度来看，幸存者偏差与我们的认知偏差有关，比如我们可能会因为心理上的偏见，跟随自己的感觉走，这会使我们做出不理智的错误决定，或是追随一些并不正确的理论概念。例如，听说别人用什么方法很有效果，就盲目地去模仿，而不考虑自己的情况是否适合。

　　此外，幸存者偏差也与我们如何处理信息和做决策有关。我们可能会因为只看到成功人士如何成功，而没有考虑到他们的运气因素，或者那些没有成功的人为什么没有成功，因为这些人的声音我们听不到。这种偏差可能会导致我们对现实有一个扭曲和潜在误导性的理解。

　　比如，现在直播行业风生水起，许多人认为直播行业收入很高。但这其实存在误解，人们看到的是顶尖主播的高收入，而那些占绝大多数的小主播的收入情况却被忽视了。

幸存者偏差这样的逻辑谬误，会给我们带来一些危害。

| 误导决策 | 错误归因 | 阻碍创新 |
|---|---|---|
| 假设我们在迷雾中穿行，只看到在迷雾中顺利前行、成功穿过迷雾的人，而忽视了那些在迷雾中跌倒的人。会误导我们，使我们的决策存在风险。 | 就像玩拼图，人们总是只根据部分碎片就急于拼凑出全貌。所以我们可能会错误地将成功者的某些行为或特质视为成功的关键，而忽视了那些同样努力却未能成功的人，就像是忽略了拼图中缺失的部分。 | 如果我们只愿意跟随那些已知的成功者的脚步，就会被一条无形的锁链限制，丧失探索的勇气，从而错失创新和突破的机会。 |
|  |  |  |
| 走出迷雾的人很多，但你不知道他们是否曾经在迷雾中跌倒。 | 这一片缺失的拼图可能是很多因素，运气、能力、机遇…… | 勇敢走上那条属于自己的道路。 |

对于青少年来说，由于平时接触到的信息，尤其是人生阅历有限，想要避免幸存者偏差是很难的。这就需要在做决策的时候，抛开个人认知，采用具体的方法。

⊙ 全面地去收集成功与失败的案例，多角度审视问题，控制变量以准确评估各种因素影响。尽自己可能，从网络、实际生活中寻找与自己情况相似的案例，全面分析。

⊙ 保持批判性思维，不要盲目从众。从众心理也是人性的特点之一，因此在看到别人都在做什么的时候，一定不要盲从，而是先独立思考，批判性看问题，从而做出客观冷静的判断。

⊙ 当你觉得自己能够"幸存"时，试着逆向思考。例如平时数学成绩很难突破 70 分，凭什么考试的时候就能考出好成绩？

⊙ 提升认知水平，你看到的只代表你能看到的。个人的认知水平总是有限的，你可以向有经验的人请教，可以不断学习，可以浏览更多的信息⋯⋯

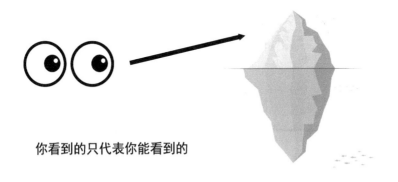

你看到的只代表你能看到的

## 4.4　自我确认偏差——为什么你总是习惯性高估自己?

随着网络的发展，信息茧房被越来越多人提及。信息茧房是指人们只接触到与自己观点一致的信息，很少或不接触不同意见。简单来说，就像你在一个只播放你喜欢听的音乐的房间里，你会越来越喜欢这些音乐，而对其他类型的音乐一无所知。在心理学中，这种现象被称为"自我确认偏差"。

　　自我确认偏差指的是个体倾向于寻找、解释和记忆那些能够确认自己已有信念或观点的信息。就像是人们只愿意听好听的、符合自己心意的话，而忽略或者不信任那些与自己想法不同的声音。自我确认偏差可能会影响到人们的判断和决策，使他们更加坚持自己的信念，即使这些信念可能并不准确或有误。

　　自我确认偏差的相关研究最早可以追溯到 20 世纪中叶的社会心理学研究。例如，美国社会学家 Festinger（费斯丁格）在 1954 年提出了经典社会比较理论，用来说明人们在社会上是如何评价自己和对比他人的。

　　后来自我确认偏差在心理学领域内的研究逐渐深入，例如邓宁教授在 1999 年与贾斯汀·克鲁格共同提出了"邓宁 - 克鲁格效应"，该效应关注的是人们的自我认知能力，其中最为人所熟知的一个结论是：在某项任务中表现差劲的参与者更倾向于过高评估自己的表现。

自我确认偏差的研究揭示了人们在自我评价过程中的一些有趣现象，例如能力不足者在评价自己的个人能力时往往会高估自己。这些研究结果不仅帮助我们理解了自我确认偏差的心理机制，也为如何避免这种偏差提供了一些思路和方法。

自我确认偏差在日常生活中很常见。

| 选择性注意 | 解释性偏差 | 记忆偏差 |
| --- | --- | --- |
| 人们只关注那些支持自己观点的信息。假设一个人坚信某种健康饮食法（比如素食主义）是最佳的生活方式。当他浏览社交媒体时，他可能会更关注那些宣传素食好处的文章和帖子，而忽略或快速略过那些讨论非素食饮食益处的内容。 | 即使面对相同的事实，人们可能会根据自己的信念进行解释。例如在一个工作团队中，如果一个成员相信另一个成员是不诚实的，那么即使后者提供了合理的解释，前者也可能会将这种解释视为借口或谎言，而继续坚持自己对后者不诚实的看法。 | 人们更容易记住那些支持自己观点的信息，而忘记或忽视那些不支持的信息。例如一个经常使用某品牌手机的人可能会更容易记住手机的优点，比如电池寿命长或相机质量好，而忽略或忘记手机的缺点，如价格高或系统更新慢。当与朋友讨论手机选择时，他可能会主要强调这些积极的记忆点。 |
|  |  |  |

自我确认偏差可能导致个人或群体的极端化，因为它减少了观点的多样性和开放性。在社会和政治领域，这种偏差可能导致分裂和极化。

要避免自我确认偏差，可以采取以下策略。

1. 山外有山，人外有人。多出去走走，见见世面，加入各种社群，与更多优秀的人接触，你就会慢慢改掉高估自己的习惯，从而避免做出错误的决策。

2. 广泛收集信息，并客观分析。不要只依赖于单一的信息来源，而是要从书籍、文章、新闻报道、社交媒体等多种渠道获取信息，之后客观深入分析。

3. 主动寻找反面证据。面对收集的信息，人们本能地会寻找支持自己观点的证据，这时就需要逆向思维，主动寻找那些可能反驳自己观点的证据，并运用批判性思维技巧进行分析。

## 4.5　虚假同感偏差——你的感觉，不代表全世界

我们常说"没有人能真正地感同身受"，这是因为每个人的经历不同、生长环境不同、教育背景不同，形成了不同的行为习惯、思考方式和价值观念，但是我们又往往自大，总是觉得自己是对的，别人的做法都是错的。所以我们在网上冲浪，总会看到人们对一些不同观点在不停地争论。这种面对某件事情极其自信以自我为中心的心理现象，在心理学中被称为"虚假同感偏差"。

虚假同感偏差（False Consensus Bias）其实是一种认知偏

差，指的是人们倾向于高估或夸大自己的信念、价值观、判断和行为的普遍性。换句话说，人们往往错误地认为其他人与自己有相同的看法或行为模式，如果有跟自己不同的看法，那么对方就是错误的。例如你喜欢说唱的音乐风格，就会认为身边的朋友都喜欢说唱音乐。这种偏差可能导致我们在对某件事情做决策时产生误判。

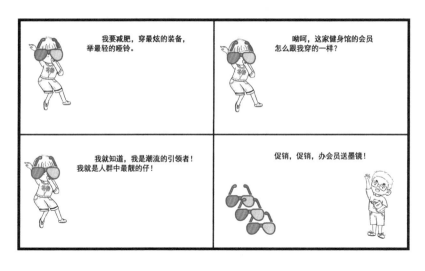

虚假同感偏差包括如下几个特点。

自我中心性。个体将自己的特性、偏好或行为模式投射到他人身上，认为他人与自己有相同的感受或选择。比如你非常喜欢吃辣，每次去餐馆都点最辣的菜。你可能会认为，因为辣味这么刺激，其他人也一定喜欢吃辣。这就是把自己的喜好投射到别人身上，认为别人和你有相同的口味。

过度自信。个体对自己的判断和决策过于自信，认为其他人也会做出相似的选择。比如你最近看了一部新上映的电影，觉得它非常棒，你可能会认为这部电影会大获成功，因为你认为其他人也会像你一样喜欢它。即使有负面评价，你也可能觉得那些人不懂得欣赏，坚信自己的判断是正确的。

社会认同。个体可能会因为与自己观点或行为一致的人数多而感到社会认同，从而加强这种偏差。比如你在一个聚会上，发现很多人都穿着红色的衣服。你可能会觉得自己穿红色衣服是正确的选择，因为这么多人都穿红色，这给了你一种社会认同感，加强了你认为穿红色是流行趋势的信念。

信息处理偏差。在处理信息时，个体可能会更关注那些支持自己观点的信息，而忽视或贬低与自己观点相悖的信息。比如你是一个环保主义者，非常关心气候变化问题，在浏览新闻时，你可能会不自觉地关注那些支持你观点的报道，比如关于极端天气事件的报道，而忽视或质疑那些提出不同观点或解决方案的文章。这样，你的观点得到了加强，但可能没有全面考虑其他可能性。

虚假同感偏差最早由斯坦福大学的社会心理学教授李·罗斯（Lee Ross）在1977年通过实证研究提出。李·罗斯通过两项简单而有效的实证研究证明了虚假同感偏差是如何影响人们的知觉和决策的。

在第一项研究中，被试（指被邀请参加实验或研究的人）被要求阅读关于一起冲突的资料，并得知有两种对此冲突做出回应的方式。被试需要做以下三件事情：

⊙ 猜测其他人会选择哪种方式；

⊙ 说出自己的选择是什么；

⊙ 分别描述选择这两种回应方式的人的特征属性。

实验结果显示，无论被试选择了两种回应方式中的哪一种，更多的人认为别人会做出和自己同样的选择。这就证明了罗斯和同事们的假设——我们每个人都觉得别人和自己想的一样，可是实际上并非如此。

在第二项研究中，罗斯和他的同事们放弃了假想的情境和纸笔的测试，而选择了巨大的挂在身上的广告牌做实验研究。这次来的被试是一批新的大学生。实验者问他们是否愿意挂上写着"来幸福饭店吃饭"的广告牌在校园里闲逛 30 分钟。

实验之前，不告诉被试这家饭店饭菜质量如何，以及他们挂着广告牌看上去有多傻。只是告知他们可以从中学到"一些有用的东西"，以此作为这样做的唯一动机。不过如果被试不愿意的话，他们完全可以拒绝。

这项实验的结果证实了第一项研究的发现。在那些同意挂广告牌的人中，62% 认为其他人也会同意这么做。在那些拒绝这么做的人中，只有 33% 的人认为别人会同意挂广告牌。

李·罗斯的研究结果表明，虚假同感偏差是一种普遍存在的心理现象，它深刻地影响着人们的认知和决策过程。

如果你也存在以下这些现象，就需要注意了。

1.当你犯错、失败的时候，如果习惯性把原因归结于外部的人、事、环境，而不是先反观自身，那么就需要注意了，这种模式很容易引起虚假同感偏差的存在。

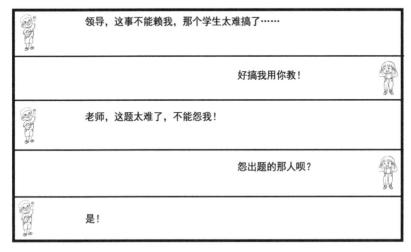

当别人希望你从自身内部寻找原因去改正缺点时，这时就会与你的归因模式产生冲突，你不仅不接受还会产生愤怒和抵触情绪，甚至会为自己的错误找各种理由，从而维持自己的正确性。

如果你存在这种情况，可以考虑定期自我反思，并进行记录，例如情绪、行为、想法，然后复盘，这样有助于增强自我觉察能力。

2. 如果当前的行为或事件对你非常重要，这时虚假同感偏差效应会被增强。例如你正在准备升学考试，这时朋友喊你出游，你会说服自己和朋友，旅游会浪费复习的时间，从而拒绝前往。实际上这种决策并不一定是正确的，换一个角度看问题，旅游可以让你从高强度的学习压力中解脱出来，说不定效果更好。所以，面对重要事件的时候，更应该客观分析。

3. 当别人指出你的缺点时，出于自我保护的本能，你会寻找各种证据、理由、借口掩盖自己的缺点。这时就需要你更加客观地评估自己，也许别人说的是对的，只是你不愿意接受而已。

# 第 5 章

## 心智觉醒：破解左右人生的
## 七大心理学定律

## 5.1　墨菲定律——如何逃过那些必然发生的悲剧

不知道你是否有过这样的经历：当你着急等待公交车的时候，公交车迟迟不来，但你改为打车之后，公交车就到站了；当你急需打印一份重要文件时，打印机总是会出故障；当你开车赶时间时，总是遇到红灯；当你熬夜赶完一份报告，电脑突然死机……这些现象在我们的日常生活中总是层出不穷，在心理学中被称为墨菲定律！

墨菲定律的核心思想是："如果某件事有可能出错，那么它就一定会出错。"这个定律通常用来描述那些在最不合适的时候发生的不幸事件，尤其是当人们没有为可能发生的不利情况做好准备时。

墨菲定律的提出，背后有一个具体的历史事件。

爱德华·墨菲是美国爱德华兹空军基地的上尉工程师。在1949年，墨菲参与了美国空军当时正在进行的火箭减速超重试验测试。他负责提供四个能够精确测量超重力的传感器，以测定人类对加速度的承受极限。

在一次试验中，墨菲提前给技术员们嘱咐："我们今天要进行的试验非常关键。这些传感器必须精确测量加速度，一点差错都不能有。"

但是事与愿违，由于技术人员将传感器的接线全部装反了，导致墨菲的设备无法正常工作。这个小插曲引发了墨菲的感慨，他得出一个教训："如果某件事有可能出错，那么它就一定会出错。"这句话就是后来广为人知的"墨菲定律"，意味着凡是可能出错的事情必定会出错。

墨菲定律的提出，并非源于对失败的悲观，而是作为一个警示，提醒人们在面对复杂系统和高风险任务时，应该考虑到所有可能出错的情况，并采取相应的预防措施。这个原则后来被广泛应用于工程、科研、管理等多个领域，成为了一个重要的风险管理理念。

例如在建设一座大桥时，墨菲定律促使工程师需要考虑到各种可能的风险，如洪水、地震、材料缺陷等。尽管这些风险发生的可能性很小，但它们确实存在，并且可能同时发生。因此，工程师会进行详细的风险评估，并设计额外的支撑结构和防震系统来增强桥梁的稳定性和安全性。

例如在制造汽车的过程中，墨菲定律促使管理者实施严格的质量控制流程，比如每辆汽车在出厂前都要经过多重检查，包括安全测试、性能测试和耐久性测试。这种预防性措施确保了即使在生产过程中出现小概率的错误，也能及时发现并纠正，避免将有缺陷的产品交付给消费者。

在后续的传播和发展过程中，墨菲定律逐渐演变成了一个更为完整的体系，包括了四个主要的观点：任何事都没有表面看起来那么简单；所有的事都会比你预计的时间长；会出错的事总会出错；如果你担心某种情况发生，那么它就更有可能发生。

墨菲定律反映了人类生活中的一种普遍现象——不确定性。无论是工作、学习还是日常生活，我们都无法完全预测和控制每一个变量。正因为如此，各种意外和失误便成为了生活的一部分。

毕业后，我到一所小学做老师。到岗前，面对第一份工作，毫无经验的我内心十分忐忑，害怕没办法跟学生们好好相处，害怕上课讲不清楚，害怕遇到调皮捣蛋的学生……

到了开学的第一天，我站在讲台上，准备做自我介绍。然而，我还没来得及开口，就听到了教室角落里传来的窃窃私语。我转过身，发现几个学生正在传纸条、讲话，完全无视了我的存在。我心里默念："真应了墨菲定律，害怕什么来什么！"

有一次，我组织了一个科学实验活动，结果因为一个小疏忽，实验器材发生了故障，导致整个活动被迫取消。我感到非常难过和沮丧，正如墨菲定律展示的那样，后续在工作中我需要更加细致和谨慎。

后来，我开始运用墨菲定律的逆向思维："如果事情可能出错，我就要先找出可能出错的地方，并提前解决。"

我重新审视了自己的教学计划和课堂管理策略，确保每一个环节都经过深思熟虑。我致力于在问题出现之前就具备前瞻性思维，预见其可能性，并积极采取措施以预防或有效缓解这些问题可能带来的不利影响。

我深知作为一名老师，我需要不断地学习和适应。我开始阅读更多的教育书籍，参加教师培训，与其他老师交流经验。我学会了如何更好地与学生沟通，如何激发他们的学习兴趣，如何帮助他们克服学习上的困难。

在漫长的教学工作中，我深刻理解了墨菲定律的真正含义：它不是让我们对失败感到恐惧，而是教会我们如何面对和解决问题！

没有必然发生的悲剧，只要我们提前找到解决问题的方法。以下是我的几点经验。

1. 任何事情都不像它表面看起来那么简单。

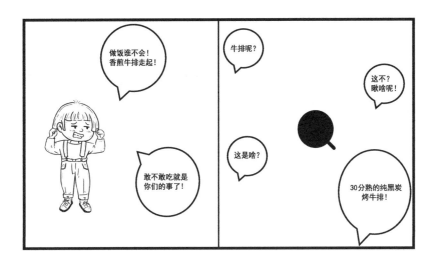

因此要做好详细的计划，我的经验是一定要准备好备用方案，以便在问题发生时迅速应对。

2. 所有任务的完成周期，都会比预计的时间长。

| | |
|---|---|
| 蔡包子，寒假作业写完了吗？ | |
| | 放心，我计划第一个月疯玩，第二个月开始写。 |
| 你的计划挺完美！ | |
| | 啊，快开学了还没写，那只能老办法了，开学头一天搞定！ |

这就涉及合理规划时间的能力，确保每项任务都有足够的时间来完成，避免因时间紧迫而导致错误和意外。

同时，要学会设置优先级，可以根据四象限法则设置任务优先级，确保先完成最重要和最紧急的任务。

最后一点，预留弹性时间，这段时间什么事也不安排，以备不时之需。

3. 任何事情如果有出错的可能，那么就会有极大的概率出错。

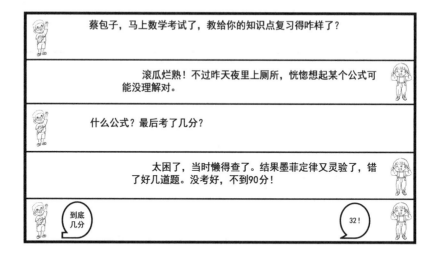

针对可能出错的点进行风险评估，识别出潜在的风险点和出错的可能性。根据风险的大小和影响程度，制定相应的风险管理措施，如降低风险、转移风险或接受风险。

4. 如果你预感可能会出错，就必然会出错。

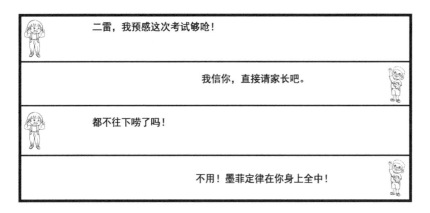

二雷，我预感这次考试够呛！

我信你，直接请家长吧。

都不往下唠了吗！

不用！墨菲定律在你身上全中！

有的时候个人感觉是很准的，可能是大脑对潜在风险的预警，需要予以重视，但是预感并不是完全准确的预测，需要分析预感背后的原因，是基于过去的经验、当前的信息还是纯粹的焦虑和恐惧。

预感并不是事实，不用过分担心，但是一定要重视。例如收集更多信息，制定应对策略，从而减少错误发生的概率。

## 5.2　贝勃定律——从震撼到无感的感官疲惫

生活中大家经常会有这样的体验：当你进入一间充满刺鼻气味的房间，一开始会难以忍受，可过了一段时间，你就会慢慢适应这种气味，甚至忘记它的存在。这种感觉适应的过程，在心理学中叫作贝勃定律。

贝勃定律是由意大利心理学家贝勃提出的一个社会心理学效应，也被称为刺激递减定律。这个规律表明，当一个人经历强烈的刺激后，之后施予的小刺激对他来说就显得微不足道。

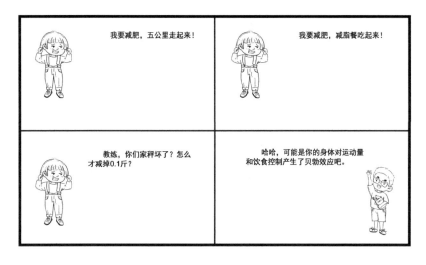

贝勃定律的提出源于一个实验。

那天，意大利心理学教授贝勃正在实验室里做实验，学生汤姆被叫到实验室协助实验。

贝勃教授微笑着对汤姆说："汤姆，你准备好了吗？今天我们要测试你的感知。"

汤姆正襟危坐，点了点头，既紧张又兴奋。

贝勃教授先是递给汤姆一个 300 克的砝码，汤姆用右手托着。

紧接着，贝勃教授又递给汤姆一个 301 克的砝码："现在，用你的左手托起这个砝码。"

汤姆小心翼翼地托着，眉头微皱。

汤姆疑惑地说："教授，我感觉它们差不多重。"

贝勃教授点头，说："很好，这正是我们预期的。现在，让我们增加一些重量。"

随着贝勃教授的指示，汤姆的左手砝码重量逐渐增加。302 克、303 克……305 克，直到最终达到 606 克，汤姆突然惊讶地大叫："哇，现在我感觉到了！左手的砝码明显更重了。"

贝勃教授说："这是因为你的右手已经适应了 300 克的重量，所以只有当左手的重量显著增加时，你才能感觉到差别。"

紧接着两人用 600 克的砝码做实验，实验表明如果右手举着 600 克重的砝码，这时左手上的重量要达到 612 克才能感觉到加重了。

这表明，原来的砝码越重，后来就必须加更大的量才能感觉到两者的差别。

基于这个实验，贝勃提出了一个有趣的心理学现象：一个人经历强烈的刺激后，之后施予的小刺激对他来说就显得微不足道。

后来，贝勃又做了一个实验：他邀请了两对具有相似背景的恋人参与实验，让其中一对恋人中的男孩每个周末都给心爱的姑娘送一束红玫瑰，而另一对恋人中的男孩只在情人节那天送一束红玫瑰。结果发现，每周收到红玫瑰的姑娘表现得相当平静，甚至有些羡慕别人的"蓝色妖姬"，而只在情人节收到红玫瑰的姑娘则表现出极度的幸福和感激。

贝勃定律经过进一步发展完善，具体来说，主要体现在以下4个方面。

⊙ 感觉适应。当人们长时间暴露于某种刺激（如声音、光线、气味等）时，对这种刺激的感知会逐渐减弱。例如，从房间里走到明媚的阳光下，会感觉十分刺眼，眼睛睁不开，但是在阳光下待久了，视力就会逐渐恢复正常。

⊙ 情绪适应。人们在经历连续的积极或消极事件后，对这些事件的情绪反应也会逐渐减弱。比如，连续收到几次小额奖金，最初的兴奋感会逐渐减少。

⊙ 行为适应。在面对连续的奖励或惩罚时，人们的行为反应也会逐渐减弱。例如，如果一个人连续几次获得相同的奖励，他对这种奖励的渴望可能会减少。

⊙ 社会适应。在社会互动中，人们对于他人的帮助或伤害也会逐渐适应，从而减少对这些行为的反应。比如，如果一个人经常受到他人的帮助，他可能会逐渐减少对这种帮助的感激之情。

很多人在人际交往过程中都有这样的困惑，平时对一个人很好，却没有得到回报。随着两个人在一起的时间变久，和以往付出同样价值的东西，却无法再令对方感兴趣。之前，可能看一场电影都会令对方开心，如今买一个名贵的皮包对方都不再惊喜。

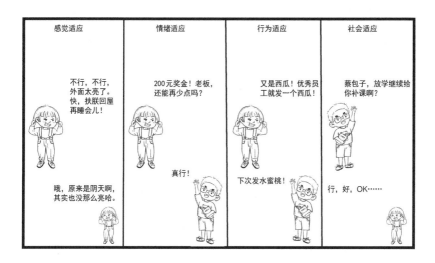

实际上，这是因为对方已经达到了心理上的"阈值"。人对于经常接收的信息、事物，内心都有一个阈值，阈值如果始终保持在同样水平，那么对方就会感到乏味、无聊。

给予得越多，对方反而不珍惜，这样的故事在生活中比比皆是。实际上，这就是人性，我们不能抱怨人性，而是应该在充分了解人性的基础上做出应对，这样就不会陷入悲剧的循环了。

应对贝勃定律，我们可以采取一系列具体的方法，以减轻其对人类心理和行为的影响。以下是一些应对贝勃定律的具体策略。

⊙ 合理管控预期和欲望

叔本华说过："生命就是一团欲望，欲望不能满足便是痛苦，欲望得到满足就是无聊。人生就在痛苦与无聊之间摇摆。"

这就是人性，因此在人际交往中，要学会合理管控自己的预期，同时调控他人的预期。首先，不要对他人有过高的期望或要求，以免产生失望和不满情绪。其次，也要巧妙地调控自己的欲望。

⊙ 增加刺激的多样性和新颖性

在与人交往的过程中，尝试不同的约会地点、沟通话题与互动形式，避免陷入单调重复的模式。人生需要新鲜感，毕竟没有人喜欢沉闷无聊的人。

⊙ 适当控制刺激的频率和强度

刺激度太低，对方提不起兴趣；过度刺激，又会导致对方产生麻木或厌倦情绪，因此一定要保持好强度。同时，在给予刺激时，采取循序渐进的方式，这样可以让对方更好地适应和接受新的刺激，避免产生突兀感。

⊙ 培养适应能力和心理韧性

当我们面对他人持续或重复的刺激时，要学会提升适应能力，培养自己的心理韧性，这样才会尽可能降低贝勃定律带来的负面影响。

## 5.3　约拿情结——从逃避到拥抱，
　　　如何摆脱内心的羁绊？

　　我们可能遇到过这种情况：当某一件事情即将成功的时候，我们会不由自主地开始表现出逃避、退缩甚至是自我怀疑的行为。为什么会出现如此反常的心理现象呢？事实上，有的时候，我们不仅渴望成功，也会害怕成功，其本质是害怕无法成功即畏惧失败的心理在作祟，这种畏惧失败的心理现象在心理学中有很多种解释。

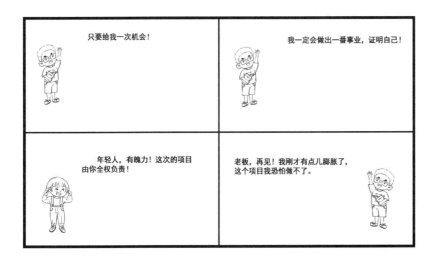

其中，畏惧失败这一概念与心理学家亚伯拉罕·马斯洛提出的"约拿情结"（Jonah complex）密切相关。约拿情结是指个体对成功和成长的恐惧，用以描述人们在面对成功机会时的逃避和退缩行为。

马斯洛在其著作《人性能达的境界》中首次提出了"约拿情结"。马斯洛认为，人们不仅害怕失败，也害怕成功。这种心理状态源于人们在面对成功时的自我怀疑和恐惧，担心成功会带来更多的压力和责任。

"约拿"是《圣经·旧约》里的一个人物。他是一个勇敢、有爱心、有信心的人，但也有着强烈的民族意识。

一天，上帝对他说："起来，去尼尼微城，警告他们，因为他们的恶行已经暴露到我面前了。"

但约拿内心充满了恐惧和矛盾。尼尼微是以色列的敌人，他无法接受上帝仅仅只是警告他们。他害怕自己能成功完成任务，改变尼尼微人的命运。这种恐惧让他选择了逃避，乘船逃往他乡，试图躲避上帝的命令。

约拿的逃避引发了上帝的愤怒。在上帝的安排下，海中狂风大作，船几乎要破裂。水手们惊恐万分，他们为了减轻船的重量，把船上的东西抛在海里。约拿却躲在船舱里，假装睡觉。

船长叫醒他，请求他求告自己的神。而水手们也通过抽签发现约拿是灾祸的原因。

约拿承认了自己的所作所为，让他们把自己投入海中以平息风暴。最终，他们把约拿抬起来，投在海里，海浪就平息了。

但是上帝并没有放过约拿。他安排了一条大鱼，把约拿吞下。约拿在鱼腹中度过了三天三夜，这段时间里，他深刻反思自己的行为。他意识到自己对成功的恐惧和逃避，其实是对自我实现的阻碍。

他开始悔改，向上帝祷告，请求宽恕。上帝听到了约拿的祷告，吩咐鱼把约拿吐在岸边。

约拿再次接到上帝的命令，前往尼尼微城传道。这次，他没有逃避，而是勇敢地传达了上帝的警告。尼尼微人出乎意料地悔改，上帝因此赦免了他们。

约拿对此感到愤怒和不满。他不理解为什么上帝会宽恕这些敌人。上帝通过一棵蓖麻树的比喻，教导约拿关于怜悯和宽容的重要性。约拿终于明白了，上帝的爱是无条件的，是对全人类的。

经历了这一切后，约拿的内心发生了变化。他不再逃避成功，也不再害怕面对挑战。他学会了接受自己的伟大之处，并勇敢地追求自我实现。

正如故事中所说，具有约拿情结的人在面对成功机会时，往往会表现出逃避、退缩和自我怀疑的行为。他们可能会在关键时刻失去信心，甚至放弃已经到手的机会。

产生约拿情结的原因复杂多样，包括个人成长经历、社会和文化影响，以及个人的心理冲突等。例如，童年时期的失败经历可能会影响个体对成功的渴望和信心；社会和文化背景也可能会强化个体对成功和失败的恐惧。

除了马斯洛的"约拿情结"，还有许多心理学理论解释了畏惧失败的心理现象。

⊙ 莫勒（Mowrer）在其诱因动机理论中提出，情绪状态如恐惧、希望、宽慰和失望是行为的主要促进因素。恐惧情绪与刺激相联系，经过多次匹配后，这些刺激会成为驱力增加的线索，从而引发恐惧状态。例如当小狗第一次听到雷声，会感到困惑和不安。随着雷声的持续，小狗开始感到害怕，躲到安全的地方。

每次雷暴时，小狗都会经历恐惧，并逐渐将雷声与恐惧情绪联系起来。雷声成为小狗恐惧情绪的触发因素，即使只是类似的声音也会引发恐惧。小狗在听到雷声或类似声音时，会立即寻找躲避的地方，表现出焦虑和不安。

⊙ 亚当斯提出的挫折理论指的是个体在从事有目的的活动过程中，指向目标的行为受到障碍或干扰，致使其动机不能实现，需要无法满足时所产生的情绪状态。举例来说，当你努力去做一件事，比如考试拿高分，但遇到了阻碍，比如生病或家里有事，导致你不能按计划进行，你就会感到失望和沮丧。这种因为目标实现不了而产生的不愉快情绪，就是挫折感。简单来说，就是"想做好一件事，但做不成时的失落感"。

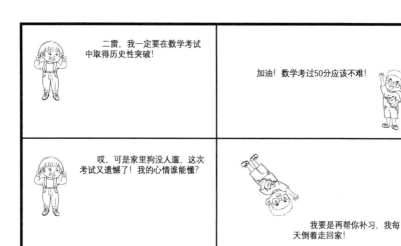

⊙ 克尔凯郭尔在其著作《畏惧与颤栗》中探讨了焦虑和恐惧的概念，认为这些情绪状态揭示了人类存在的"事实性"和"被抛入世界"的状态。焦虑和恐惧是个体在面对自由和可能性时的自然反应。简单来说，焦虑和恐惧是我们在面对生活中的选择和不确定性时的自然感受。这些情绪提醒我们，我们的生活是由我们自己的选择和行动决定的，而不是被预先设定好的。

这些理论从不同角度解释了人们在面对成功和挑战时的畏惧心理，揭示了畏惧失败在心理学中的复杂性和多样性。

作为一名心理学老师，我经常察觉到学生们在面对挑战时感受到的恐惧。借着一场篮球赛的机会，我想帮助学生们克服对失败的恐惧。

阳光透过体育馆的高窗，洒在了光滑的篮球场上。篮球在地板上弹跳的声音回荡在空旷的场馆内。我站在场边，看着我的学生们在练习投篮和运球。尽管他们的动作越来越熟练，但我能感受到他们心中的不安和恐惧。

"老师，我们真的能赢吗？"小华的声音带着明显的颤抖。他的眉头紧锁，眼神躲闪，手中的篮球仿佛变得沉重无比。我环顾四周，发现不仅是小华，其他同学也显得没有精气神，害怕比赛会输。

"大家停下来，我们来聊聊。"我召集学生们围坐在一起。阳光洒在我们的身上，温暖而明亮。

"我知道你们害怕比赛会输，这种情绪叫作'畏惧失败'。"我开始鼓励大家，"这是一种很自然的情绪，每个人都会有，但我们可以改变我们对失败的看法。"

我继续解释："失败并不是终点，而是我们学习和成长的机会。"我引导他们思考："如果我们在比赛中失败了，我们会从中学到什么？"

小华想了想，眼中闪过一丝光芒："我们能思考学习如何与队友更好地配合，或许会提高我们的球技。"

"是的！就算失败了，我们也有收获，有经验了下一次就有更大的机会取得成功！"

为了让他们更有信心，我鼓励他们设定一个具体的目标："不要只关注赢得比赛，而要设定一个你们可以控制的目标，比如在比赛中投中一个球，或者尝试一个新的投篮技巧。"

同学们默默听着，开始给自己设定具体的目标。

在接下来的几天里，我带领学生们进行了呼吸练习。我指导他们专注于当下，感受自己的身体和呼吸，而不是担心比赛的结果。

比赛当天，我鼓励学生们加油。篮球队的同学们，一个个摩拳擦掌，小华的眼神中也透露出坚定，俨然已经准备好迎接挑战。我希望他们能感受到老师和同学们的支持和鼓励。

比赛开始了，整支球队都努力保持冷静。阳光照在他们的脸上，汗水沿着他们的额头滑落。尽管比赛开始处于劣势，但他们没有放弃。因为他们领悟了"失败是成长的一部分"，都在尽情享受比赛。

比赛结束后，小华和所有同学都很有成就感。他们反思了自己的表现，意识到自己在比赛中学到了很多。他们不再那么害怕失败了，因为他们知道每一次尝试都是一次学习的机会。

我们一起庆祝了这次活动，无论输赢，每个人都分享了自己的经历和感受。大家的脸上露出了久违的笑容，他们对比赛失败的畏惧感逐渐消失了。

从那以后，同学们变得更加自信和勇敢。他们不再害怕失败，而是将每一次挑战视为成长的机会。他们的故事激励了其他同学，让他们也学会了如何面对自己的畏惧。

## 5.4　心理摆效应——今天有多开心，
## 　　明天就有多伤心

　　你是否有过这样的体验？在跟朋友聚会的时候，大家谈天说地，无比开心，而你也感觉身心放松，无比舒适。但当聚会结束后，一个人回到家里，孤独感和冷清感悄悄袭来，如此强烈的反差感，让你难以接受。这种情绪的极端摆动，体现的便是心理摆效应。

　　心理摆效应，在心理学中，主要描述人类情绪的高低摆荡现象。这一概念指出，人的感情在受到外界刺激的影响下，具有多度性和两极性的特点，每一种情感具有不同的等级，并且有着与之相对立的情感状态，如爱与恨、欢乐与忧愁等。当个体在特定背景的心理活动过程中，感情的等级越高，呈现的"心理斜坡"就越大，因此也就很容易向相反的情绪状态进行转化。换句话说，极度的兴奋或快乐可能会迅速转变为深深的悲伤或失望，反之亦然。

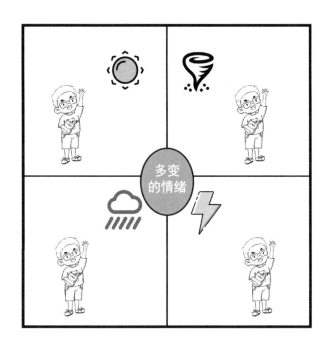

　　心理摆效应在日常生活中的具体表现多种多样。比如对日常变化的敏感反应。哪怕是日常生活中的小变化，个体都可能会有强烈的情绪波动，例如天气变化、工作压力或人际关系的细微变动，都会对个体产生影响，可以说是"阴晴不定"。

　　再者如工作和学习中的起伏。在工作或学习中，我们在取得一些成就后会倍感振奋，但随后又可能因为一些小小的挫折迅速陷入到沮丧中去，可以说是"大起大落"。

　　又比如在人际交往中，刚开学的时候，可能对某个同学观感很好，非常喜欢他，但又会突然因为一些很细小的事情，对他的情感快速地从喜爱变成厌恶。旦夕之间，从友好变成充满敌意，可以说是"爱恨交织"。

诸如此类的例子在日常生活中比比皆是，也说明心理摆效应是一个普遍存在的现象。但是心理摆效应这种"斜坡"式的情绪状态和行为反应，往往会给我们带来一些负面的影响，带来一些危害。

首先是个人决策方面，情绪的大起大落会降低决策的一致性和合理性，在情绪高亢的时候可能会做出乐观的决策，而情绪跌入低谷的时候又会做出过于悲观的决策。

其次是频繁的情绪波动，会让人琢磨不透，让人觉得"阴晴不定""忽冷忽热""喜怒无常"，在人际交往中非常不利。

最后，总是处在情绪快速波动的状态下，总是心神不宁、坐立难安，往往会让人思绪混乱，影响生活的满意度和幸福感，也就降低了生活质量。

面对心理摆效应带来的诸多危害，我们并非束手无策。我们可以通过一些生活化的小策略，来有效控制情绪波动，逐渐提高自己的生活质量。

⊙　自我情绪认知。我们要有意识地识别自己的情绪，并适当记录心情的变化。这样，有助于自我复盘，更好地理解自己的情绪起伏，不断提高情绪波动时及时察觉和应对的能力。

⊙ 情绪调节。当意识到自己的情绪快速波动时，试着调整自己的情绪状态。例如情绪激动、紧张的时候，可以通过深呼吸、散步、听音乐等方式进行放松，从而有助于自己做出更加合理的决策。

⊙ 情绪反思和情绪同理。这种能力需要逐步培养。首先，我们在情绪波动大的时候，可以有意识地寻求亲朋好友的帮助，和他们交流自己的感受。其次，所谓旁观者清，旁观者往往能够给出我们更客观的建议。通过这些帮助，我们能够慢慢进行情绪反思，甚至进一步理解自己、理解他人，能够对周围人的情绪状态有更强的感知力，这样也能帮助我们建立更好的人际关系。

大道理谁都懂，可遇到过不去的坎儿还是很难控制情绪。

人生哪有过不去的坎儿？保持乐观，就能控制情绪波动。

这句名言又是你说的呗？

"如果折断了一条腿，你就应该感谢上帝不曾折断你的另一条腿；如果折断了另一条腿，你就应该感谢上帝没有折断你的脖子；如果折断了脖子，就没有什么可再担忧的了。"——《塔木德》

## 5.5 沉没成本效应——为什么明知是错，却还要继续？

中国人最常说的一句话就是"来都来了"。面对一件即使是错误的、无法接受的事情，因为之前花费了不少时间和精力，也只能用"来都来了"的借口说服自己坦然接受，很形象地阐释了心理学中的"沉没成本效应"。

心理学中的沉没成本效应最初强调的是金钱及物质成本对后续决策行为的影响，随后多位研究者对这个理论进行了完善和延伸，包括卡尼曼和特维尔斯基的前景理论、泰勒的心理账户理论等。

沉没成本效应是一种认知偏差，它涉及个体在决策过程中如何处理已经发生且不可回收的成本。这种效应通常出现在人们面临是否继续投资一个项目、计划或关系时，尽管新的证据表明继续投资可能不是最佳选择。

著名的协和飞机项目就是沉没成本效应的一个很好诠释。

20世纪60年代英国和法国联合发起了一项名叫"协和飞机项目"的超音速客机开发计划，这个项目代表了当时航空技术的巅峰。

# 沉没成本

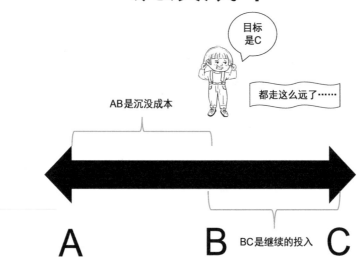

这款客机以其独特的设计和超音速飞行能力而闻名，最大巡航速度可达每小时 2000 多公里，相当于音速的两倍，能够实现从伦敦到纽约的跨大西洋飞行仅需不到 4 小时。

然而，协和飞机的运营成本极高，票价昂贵，限制了其市场规模，同时该项目也面临环保组织的抵制。

尽管如此，由于已经投入了巨额资金，两国政府和航空公司继续支持协和飞机的运营，希望其能够扭亏为盈。

2000 年的一场坠机事故和随后的 "9·11" 恐怖袭击事件对航空业造成了巨大冲击，也加剧了协和飞机的运营困境。

最终在 2003 年，协和飞机正式退役。

协和飞机的故事提醒我们在面对沉没成本时需要更加理性地评估决策，避免因过去的投资而影响对未来的正确判断。

因此，理解沉没成本效应有助于个体做出更加理性的决策，避免不必要的损失，即"沉没成本不参与重大决策"。

在生活中，我们经常会遇到这样的事情。

某部科幻电影即将上映，前期宣传非常震撼，又有多位知名影星参与，人们迫不及待地想要进电影院先睹为快。即使电影票预售高达百元一张，你也毫不犹豫地买了。

哇，这么多大明星，必须去！

100元/张，这么贵？那也看，下月日子不过了！

咦，这个猪猪侠怎么那么眼熟？

猪猪侠大战唐吉诃德

2月22日 全球首映

终于，电影上映的日子到了。你早早地来到了电影院，坐在了最喜欢的位置。然而，电影的情节和内容平淡无奇，特效虽然华丽，却掩盖不了故事的空洞，你逐渐感到了失望。

你坐在座位上，心里开始挣扎，想到了那句老话："来都来了，就看完吧。"但同时，你也意识到，继续观看这部电影只会让你更加失望，而且浪费了你宝贵的休息时间。

这种情况你该如何选择：是考虑反正已经花了钱和时间来到了电影院，来都来了，就把电影看完吧；还是不考虑前期花费的时间和精力，觉得电影不值得看下去，立马起身离开电影院？

如果你选择了前者，即掉进了沉没成本效应的陷阱，将耗费几个小时的时间浪费在一部不值得观看的电影上。如果你选择后者，即坚持了沉没成本不参与重大决策的原则，及时止损，将时间和精力用在更有价值的地方。

过去的损失　　　　　　未来的收益

　　在日常生活中，排除沉没成本的影响，可以帮助我们做出更理想和相对正确的决策，通过客观评估当前及未来可能的状况，确保我们的时间、精力、资源等可以用到最有价值的地方。

　　当年，我得知那部备受期待的科幻电影《星际穿越者》即将上映时，我的心情无比激动。预告片中那些震撼的视觉效果和深邃的宇宙场景，让我仿佛已经置身于那遥远的星系之中。再加上我最喜欢的明星——汤姆·克鲁斯的加盟，这让我毫不犹豫地掏出了百元大钞，预订了一张电影票。

　　电影上映那天，我和朋友特意提前来到了电影院。我穿过熙熙攘攘的人群，找到了我最喜欢的位置——第五排正中间。我坐在那里，看着周围的观众陆续就座，每个人脸上都洋溢着期待的笑容。

　　随着灯光渐渐暗下，电影终于开始了。

　　开场的几分钟，那些宏伟的宇宙场景和震撼的音效确实让我心潮澎湃。然而，随着剧情的推进，我逐渐感到了失望。特效虽然华丽，但剧情却平淡无奇，像是在重复着老套的科幻故事。

我坐在座位上，心里开始挣扎。我想起了那句老话："来都来了，就看完吧。"但同时，我也意识到，继续观看这部电影只会让我更加失望，而且浪费了我宝贵的休息时间。

这时，坐在我旁边的朋友，似乎也感受到了我的不安。他转过头来，低声对我说："这电影怎么样？"我苦笑了一下，回答："说实话，有点失望。剧情太平淡了。"

他点了点头，似乎也有同感："我也是这么觉得。不过，毕竟花了钱和时间，还是看完吧。"

我沉默了一会儿，思考着他的话，是啊，我已经为这部电影付出了金钱和时间。我又意识到，但这并不意味着我必须继续投入我的时间。我站起身，深呼吸了一口气，然后对他说："我得走了。我不想让沉没成本继续影响我的决策。"

他有些惊讶地看着我："真的吗？你就这么走了？"

我微笑着回答："是的，我要去做更有意义的事情。"说完，我毫不犹豫地走出了电影院。

这个决定让我意识到，在日常生活中，排除沉没成本的影响，可以帮助我做出更理想和相对正确的决策。通过客观评估当前及未来可能的状况，我可以确保我的时间、精力、资源等用在最有价值的地方。这次经历，虽然让我没能看完一部电影，却教会了我一个宝贵的生活智慧。

人们很容易陷入沉没成本效应的陷阱，这是人性。行为心理学研究发现，人们对于损失的感受比获得的感受强烈近乎 4 倍，这就是"损失厌恶效应"。因此，当我们意识到沉没成本产生时，一定要克服人性的弱点。

推荐一些方法。

⊙ 明确区分沉没成本与非沉没成本。对于已经发生且无法挽回的（沉没成本），一定要及时放弃；对于未来可能产生的成本或收益（非沉没成本），在决策时要及时关注并随时调整。

⊙ 断舍离思维，设定止损点。当断则断，说得容易，但却是反人性的，因此要提前设置好止损点，当损失达到一定程度时果断退出。

⊙ "零基预算"思维。在做新决策时，一切从零开始，不考虑之前的投入。这种思维方式能帮助你摆脱沉没成本的束缚，更客观地评估当前决策的利弊。

---

"明智地放弃，胜过盲目地执着。"

哇，好有哲理的样子。大哥，这又是你说的？

这是林语堂老先生说的！

## 5.6 控制错觉定律——你是如何信心满满地做出错误决定的?

在生活中,是不是经常有"盲目自信"的行为,比如一些交通事故的产生,往往是因为驾驶员对自己的驾驶技术绝对自信,相信自己能够操控好这辆车,从而采取了一些危险的驾驶方式,导致了交通事故的产生。这种高估自己、盲目自信的心理现象,在心理学中被称为"控制错觉定律"。

| | | |
|---|---|---|
| 给我来一注彩票。 | 好的,兄弟,机选还是自选。 | 那必须自选啊,这都是我精心计算出来的。 |
| 其实吧,自选、机选概率都一样! | 胡说!我可是数学成绩最好的心理学老师!给我来一注 2, 2, 2, 2, 2, 2, 2 | |

控制错觉定律（Illusion of Control）是一种心理现象，指的是人们倾向于高估自己对事件结果的控制能力，即使在随机或不可预测的情况下也是如此。这种现象在日常生活中很常见，例如在赌博、投资、健康习惯等方面。

控制错觉可能由以下几个因素导致。

⊙ 认知偏差。人们倾向于寻找模式和规律，即使在随机事件中也是如此。例如投资者可能会在股市中寻找某些模式或规律，比如认为某些特定的经济指标或公司财报数据会预示股价的上涨。即使这些模式在随机的股市波动中并不总是有效，投资者仍可能过度依赖这些模式，认为自己能够预测市场走势。

⊙ 过度自信。人们往往对自己的能力和判断过于自信。例如一个篮球运动员可能因为连续几场比赛表现优异而变得过度自信，认为他自己能够控制比赛的胜负。在接下来的一场比赛中，他可能会尝试一些高难度的投篮动作，甚至在关键时刻拒绝传球给队友，因为他相信自己能够独自完成得分。这种过度自信可能会影响他的决策，导致团队合作受损，最终影响比赛结果。

⊙ 经验误导。过去的成功经验可能导致人们错误地认为自己能够控制未来事件。例如一位经验丰富的医生可能在过去多次成功治疗了某种疾病，因此他可能会认为自己的治疗方案是唯一有效的。当面对一个新的病例时，他可能会坚持使用自己熟悉的治疗方案，而忽视了最新的医学研究和治疗方法。这种情况可能会导致治疗效果不佳，甚至延误病情。

⊙ 自我服务偏差。人们倾向于将成功归因于自己的能力，而将失败归咎于外部因素。例如一个学生可能在考试中取得了好成绩，然后将其归因于自己的聪明和努力，而忽略了考试难度、老师的教学方法或运气等其他因素。相反，如果考试失败，他可能会将原因归咎于考试太难或老师教得不好，而不是自己的准备不足。

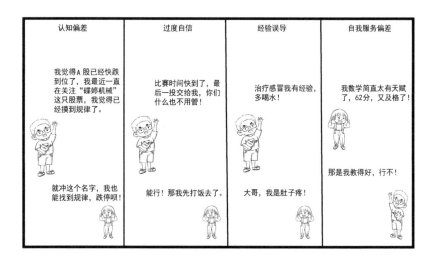

控制错觉定律是由心理学家埃伦·兰格（Ellen Langer）提出的。

她通过对人们在不同情境下的行为和认知进行观察和研究，发现了人们普遍存在一种倾向：即使在面对随机或不可控制的事件时，人们仍然相信自己能够控制结果。埃伦·兰格通过一系列实验来验证控制错觉的存在。

在心理学实验室里，埃伦·兰格博士正忙碌地准备着她的最新实验。她的目光透过眼镜，专注地观察着参与者们的反应。这个实验旨在探究人们对于控制的错觉，以及这种错觉如何影响他们的决策。

实验开始前，埃伦·兰格博士向参与者们解释了实验的目的和过程。她温和地说道："我们将进行一项关于决策和概率感知的实验。你们将有机会购买彩票，这些彩票的号码可以是随机分配的，也可以由你们自己选择。"

参与者们围坐在一张大桌子旁，脸上带着好奇和兴奋的表情。一位年轻的女士，名叫艾米，迫不及待地问道："兰格博士，如果我们自己选择号码，中奖的机会会不会更大？"

埃伦·兰格博士微笑着回答："这是一个非常好的问题，艾米。我们今天就是要探索这个问题。请记住，无论号码是随机分配还是你们自己选择，中奖的概率实际上是相同的。"

实验开始了，参与者们开始购买彩票。一些人选择了机选，而另一些人则花时间仔细挑选他们认为会带来好运的号码。当选择过程结束后，埃伦·兰格博士提出了另一个问题："现在，如果我愿意以一定的价格购买你们的彩票，你们愿意出售吗？"

自选号码的参与者们开始讨论他们的价格。其中一位男士，名叫汤姆，自信地说："我选择的号码是经过深思熟虑的，我认为它们有更大的机会中奖。我至少要 10 美元才会出售。"

埃伦·兰格博士记录下了每个人愿意出售彩票的价格，并注意到自选号码的参与者普遍要求的价格高于机选号码的参与者。她微笑着说："看来，选择自己的号码确实让你们觉得更有控制感，即使这只是一种错觉。"

实验结束后，埃伦·兰格博士向参与者们解释了实验结果："你们看，即使彩票的中奖是完全随机的，当你们有机会选择自己的号码时，你们对彩票的估价更高。这表明，人们普遍存在一种控制错觉，即使在面对随机事件时，也相信自己能够控制结果。"

这个实验以及其他相关研究揭示了控制错觉的心理机制，即人们倾向于通过自己的行为来感知对环境的控制，哪怕这种控制是虚幻的。这种认知偏差可以影响人们的决策过程，使他们在面对不确定性时做出非理性的选择。

控制错觉定律的提出，为理解人类在面对不确定性和随机性时的行为提供了重要的心理学视角，并在多个领域，如决策理论、风险管理、赌博行为等，都有广泛的应用。

现实生活中，我们也要尽可能避免陷入控制错觉定律，推荐几个方法。

⊙ 区分可控与不可控因素。将注意力集中在可控因素上，努力改善这些方面。同时，接受不可控因素，不要试图去控制那些无法控制的事情，以免浪费时间和精力。

⊙ 充分考虑风险。在做出决策时，要充分认识到可能存在的风险。不要低估风险或忽视风险的存在。同时，针对可能的风险，制定相应的风险管理策略。例如，设置止损点、分散投资等，以减少潜在损失。

⊙ 寻求专业人士的建议。在面临重要决策时，可以寻求专业人士的建议和意见。他们具有更丰富的经验和专业知识，能够提供更准确和可靠的指导。

## 5.7　布利斯定理——别让没有计划毁了你

日常生活中，我们偶尔也会遇到一些毫无准备的突发事件，面对这种情况，我们常常会手足无措。所以在日常工作和学习中，我们经常要做很多计划，比如学习计划、研究计划、项目计划、旅游计划，这是因为计划能够帮助我们把事情顺利完成。布利斯定理充分阐释了这一现象：只有充分准备，工作才能顺利完成。

心理学中的布利斯定理（Blythe's Theorem）是由美国行为科学家艾得·布利斯提出的，主要观点是：用较多的时间为一次工作事前计划，做这项工作所用的总时间就会减少。换言之，事前计划的时间与工作效能成正比。这个定理强调了计划的重要性，指出在行动前进行头脑热身，构想要做之事的每个细节，梳理心路，然后把它深深铭刻在脑海中，当你行动的时候，就会得心应手。

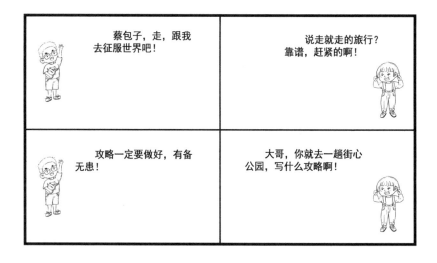

艾得·布利斯和同事加里·拉瑟姆曾进行过一系列研究，他们发现设定具体和具有挑战性的目标可以显著提高个体的绩效。这些研究结果后来发展成为著名的目标设定理论，该理论认为目标应该是具体的、具有挑战性的，并且与个人或团队的动机和能力相匹配。

后来，布利斯做了一个实验。他把参加实验的学生分为三组进行投篮技巧训练。第一组学生每天实际练习投篮，第二组学生不做任何练习，而第三组学生除了实际练习外，还在脑海中进行想象中的投篮并做出相应的纠正。结果显示，第三组学生在投篮技巧上的提升最大，这进一步证实了布利斯定理关于计划和行动之间关系的观点。

布利斯定理的提出，可以看作是目标设定理论在计划和行动方面的延伸。定理的核心观点是，通过在行动之前进行充分的计划和准备，可以减少执行任务所需的总时间，并且提高工作质量。

例如一位研究生在撰写她的硕士论文时，决定在开始写作之前制订一个详尽的研究计划。这个计划包括了文献综述、研究方法、数据收集和分析的详细步骤以及时间表。通过遵循这个计划，她能够系统地进行研究，及时调整研究方向，确保每一步都朝着最终目标前进。结果，她的论文不仅按时完成，论文质量还得到了导师和评审的高度评价。

布利斯定理在心理学和管理学中都具有重要意义，它提醒我们在进行任何工作或任务之前，都应该进行充分的计划和准备，以提高效率和成功率。这一原理不仅适用于个人的工作和学习，同样适用于团队和组织的战略规划和管理实践。

埃隆·马斯克的故事是布利斯定理应用的生动例证。

2002 年，当马斯克创立 SpaceX 时，他面对的是一个充满怀疑的世界，许多人认为私人企业进入太空领域是天方夜谭。

然而，马斯克并未被这些怀疑所动摇，他设定了一个宏伟而具体的目标：通过开发可重复使用的火箭技术，大幅降低太空旅行的成本，最终实现火星殖民的梦想。

为了实现这一目标，他制订了一个创新且具有挑战性的计划，包括设计能够垂直降落回收的火箭，这在当时是技术上的巨大挑战。

他和 SpaceX 团队进行了详尽的技术研究和工程设计，制定了实现目标的具体步骤，包括火箭的设计、测试、发射和回收等各个环节的详细规划。

经过无数次的失败和调整，SpaceX 不仅成功发射并回收了火箭，还颠覆了整个太空行业，成为商业太空旅行的领导者。

马斯克的这一成就，正是布利斯定理的完美体现：通过设定具体和具有挑战性的目标，并进行精心策划，即使是最大胆的梦想也能够实现。

然而，虽然很多人都意识到做计划的重要性，但是真正能够付诸实践的人却不多，反倒是因为缺少计划而导致失败的案例比比皆是。

记得刚毕业的时候，作为一名新晋教师，我满怀憧憬地步入了教室，却没想到迎接我的是一片混乱。

每天早晨，我匆忙地翻阅教材，试图在铃声响起前抓住教学的脉络。课堂上，我常常即兴发挥，试图用热情掩盖缺乏准备的尴尬。学生们的眼神从好奇到迷茫，再到失望，我能感受到他们对我的教学越来越不感兴趣。

"老师，今天的课讲到哪里了？"班长小李在课后小心翼翼地问我。

我支支吾吾，"嗯，我们……我们今天……"我的声音越来越小，逐渐不自信，因为我自己也不清楚我们究竟学了什么。

课后，我坐在办公室里，面对着堆积如山的作业和计划外的课外汇报，感到前所未有的无助。同事们的高效和有序与我的混乱形成鲜明对比，我开始怀疑自己是否适合这份工作。

直到有一天，主任找我谈话："小雷，我注意到你的教学状态似乎有些问题。作为一名教师，你的工作不仅仅是传授知识，更重要的是要有计划和条理。"他的话语中透露出关切，但也不乏严厉。

那一刻的我，如同醍醐灌顶。我开始反思自己的工作方式，回想起大学时学过的布利斯定理："用较多的时间为一次工作事前计划，做这项工作所用的总时间就会减少。"我猛然清醒，我需要在行动之前进行充分的计划和准备。

我开始改变。根据每学期的教学计划，细化成每个月的教学计划以及每周的工作计划。而每天晚上，我都会提前规划第二天的教学内容，详细到每一个故事案例，每一句话，每一个问题。同时，我制定了作业批改和课外工作的时间表，确保每一项任务都能有序进行。我甚至开始在脑海中模拟每一堂课的流程，想象可能出现的问题和解决方案。

开始实施工作计划之后，一切有了转变。课堂上，我更加自信，学生们的眼神也重新焕发出了光彩。课后，我能准时下班，有了更多的时间去准备第二天的课程，甚至还能阅读一些教育理论书籍，提升自己的专业素养。

同事们开始注意到我的变化，"小雷，最近你的课讲得很好啊，有什么秘诀吗？"他们好奇地问我。

我微笑着回答："其实，我只是开始认真做计划了。在心理学中有个布利斯定理，它告诉我们，计划是成功的关键。"

我不再是那个手忙脚乱的新老师，而是成为了一个有条不紊、受学生喜爱的老师。布利斯定理不仅改变了我的工作，更让我深刻认识到，无论是教学还是生活，都需要有计划和条理。通过细致的规划，我找到了属于自己的节奏，也找到了通往成功的道路。

关于如何制订计划我不再赘述，每个人都应该重视起来，找到适合自己的方法。

# 第 6 章

## 口袋心理学：不可不知的
## 心理学十大经典术语

## 6.1  认  知

认知，就是我们大脑处理信息的本领，它包括我们如何看世界、记事情、想问题和做决定。这个过程挺复杂的，但简单来说，就是感知、注意、记忆、思考、语言和学习这六大块。

⊙ 感知，就是我们用眼睛、耳朵、鼻子、嘴巴和皮肤来感受周围的一切。我们不只是被动地接收这些信息，还会选择性地关注某些东西，忽略其他的。

⊙ 注意，它帮我们把精力集中在重要的事物上。就像在吵闹的咖啡馆里，我们能专注于和朋友聊天，忽略周围的噪音。

⊙ 记忆，就像是大脑里的存储卡，它有三个步骤：首先是把信息变成大脑能理解的格式，然后是把这些信息存起来，最后是在需要的时候把它们找出来。

⊙ 思考，是我们大脑的发动机，让我们能分析问题，做出选择。就像决定今天穿什么衣服，或者解决哪个难题。

⊙ 语言，是我们沟通的桥梁，也是我们组织思维的工具。我们用语言来表达自己的想法，和他人交流。

⊙ 学习，是我们大脑成长的方式，通过学习我们能获得新知识和技能。

总的来说，认知是我们认识世界、解决问题的基础。了解认知，不仅能帮我们更好地理解自己，还能提高我们的生活质量。

✈ **小贴士**

斯特鲁普效应（Stroop Effect），由美国心理学家约翰·里德利·斯特鲁普（John Ridley Stroop）于1935年提出。这是一个有关大脑认知的心理学实验，该实验主要用于研究大脑在处理认知冲突时的机制，特别是当个体面临多种相互冲突的信息源（如文字的意义与其颜色不一致）时，大脑如何分配注意力并作出反应。

斯特鲁普设计了一项颜色命名的实验，要求参与者快速读出用不同颜色书写的颜色词，例如用蓝色墨水写的"红色"一词。

通过观察，斯特鲁普发现当颜色词与书写颜色不一致时，参与者的反应时间明显长于一致时的情况。

感兴趣的读者可以试一试，你会发现这个任务比想象中困难得多，因为字面上的颜色名称会干扰你对书写颜色的判断。

斯特鲁普效应展示了认知过程中的干扰和冲突，反映了人类认知系统在处理复杂信息时的局限性和灵活性。

## 6.2　本　能

本能是心理学中的一个复杂概念，心理学认为，本能是一种天生的、遗传的行为倾向，不需要通过经验学习就能表现出来，常见的本能行为可以包括觅食、交配、攻击、防御、照顾后代等。

本能就像是我们身体里的一种"内置程序"，它让我们在面对某些情况时，不用思考就能自动做出反应。

比如呼吸是一种本能；比如当你感到饥饿时，你的身体会自动告诉你需要吃东西，这是一种本能；比如一只野兽向你冲过来，你的身体会本能地让你逃跑，这是一种保护自己的本能；当你看到某个喜欢的人时，你可能会有想要靠近对方的冲动，这是寻找伴侣的本能。

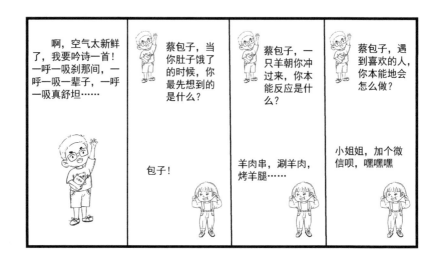

本能是我们从祖先那里遗传下来的行为模式，它们帮助我们在自然环境中生存下来。但随着社会的发展，很多本能行为也会受到我们的思想、文化和个人经验的影响。例如在自然环境中，人类会本能地寻找食物以满足生存需求。但在现代社会，我们不再需要亲自狩猎或采集食物, 现代社会的文化和个人偏好影响着我们的饮食习惯, 比如素食主义或对特定食物的偏好。

所以在现代社会, 一些人类的本能行为也被重新解释和适应了, 以此来满足我们不断变化的生活方式和需求。

📨 **小贴士**

本能是人类行为和决策的重要部分, 它是我们与自然世界连接的桥梁, 就如弗洛伊德所说: "本能是灵魂的语言, 它告诉我们什么是我们真正想要的。" 相信本能, 这是人类进化出来的 "神秘力量"。

关于本能的心理学实验有很多, 其中一个比较有名的是 "视觉悬崖实验 (婴儿的深度知觉)"。

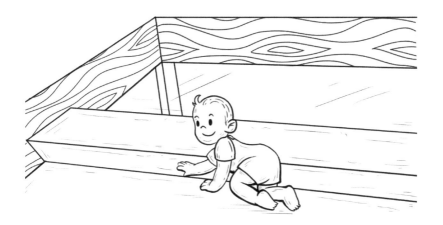

心理学家沃克和吉布森设计了一个"视觉悬崖"的装置，并在图案的上方覆盖玻璃板。这样，看上去就像悬崖一样。实验的目的是考察婴儿是否敢爬向具有悬崖特点的一侧。

结果表明，婴儿很早就有了深度视觉的能力，并且会避免爬向看似危险的地方。这种能力随着年龄的增长而不断发展。

这些实验从不同角度揭示了人类和其他生物在特定情境下的本能行为和学习机制。它们不仅丰富了心理学的研究内容，也为我们理解人类行为提供了宝贵的洞见。

# 6.3 错 觉

错觉是心理学中一个重要的术语，它描述了人们在观察物体时，由于物体的形态、光线、颜色等因素的干扰，加上个人的生理和心理原因，导致对物体的判断与实际情况不符的一种视觉误差。错觉是知觉的一种特殊形式，它体现了在特定条件下对客观事物的扭曲知觉，即把实际存在的事物错误地当作了与实际不符的事物。

**少女还是老妪？**

错觉可以发生在视觉方面，也可以发生在其他知觉方面。例如，当你掂量一公斤棉花和一公斤铁块时，可能会感觉铁块更重，这是一种形重错觉；或者当你坐在行驶的火车上，看窗外的树木时，可能会认为树木在移动，这是一种运动错觉。

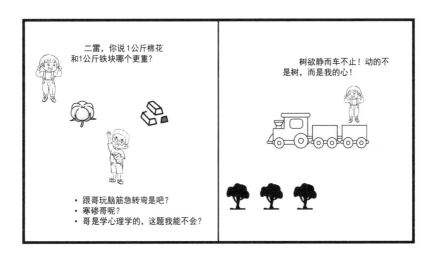

错觉的产生有多种原因，包括心理性、生理性和病理性。心理性错觉通常由心理因素引起，例如在某些特定情境下，人们可能会将静止的物体误认为是移动的。生理性错觉可能与个体的生理活动有关，如某些女性在极度渴望怀孕的情况下可能会出现假孕的生理错觉。病理性错觉则通常出现在生病时，如在高烧状态下可能出现的错觉。

记忆错觉是错觉的一种特殊形式，它涉及人们对过去事件的记忆与事实发生偏离的现象。记忆错觉的研究有助于我们更深入地理解记忆现象及其本质，并且具有广泛的应用价值。

错觉与幻觉不同，幻觉是在没有现实刺激的情况下出现的知觉体验，通常与精神病患者有关，而错觉是在有客观刺激物存在的情况下，由于知觉的歪曲而产生的一种正常现象。

### ✈ 小贴士

当月亮接近地平线时，它看起来比在天空中更大，尽管实际上它的大小并没有变化，这就是著名的"月亮错觉"，也称为"月球错觉"，是一种普遍存在的光学现象。

月亮错觉可能会让驾驶员在夜间驾驶时对距离的判断产生误差，从而影响行车安全。所以，了解错觉的存在并理解它们如何影响我们的感知，可以帮助我们更加意识到自己的局限性，并采取措施来减少错觉对我们生活和决策的负面影响。

# 6.4　自我知觉

　　自我知觉是心理学中的一个重要术语，它是人们认识自我、理解自我和评价自我的基础。自我知觉会影响我们的行为、情感和决策。

　　自我知觉始于自我意识的觉醒。当我们开始意识到自己作为一个独立个体存在时，我们便踏上了探索自我的旅程。在这个过程中，我们构建了一个自我概念，这是我们对自己的性格、能力、价值观和信念的内在描述。我们的自我评价，即对自己价值和能力的判断，往往与我们的自尊和自我效能感紧密相连。

　　自我认同是我们对自己在社会中角色和地位的理解，它帮助我们找到归属感，与特定的社会群体建立联系。比如，你是学生、老师、朋友或者家庭成员。这种认同感让我们知道自己属于哪里，也帮助我们更好地融入社会。

　　在自我知觉中，我们经常通过社会比较来评估自己，与他人进行比较，以此来定位自己的能力和价值。这就像在跑步比赛中，看看自己是跑在前面还是后面。但重要的是，我们不要总是和别人比，因为每个人都是独一无二的，有自己的特点和优势。

文化因素也在自我知觉中扮演着重要角色。不同的文化背景塑造了不同的自我观念，比如，在一些文化里，我们更看重自己和集体的关系；而在另一些文化里，我们更看重个人的独立和成就。典型的就是国外的一些超级英雄电影经常会体现个人英雄主义。

自我知觉不仅影响着我们的心理健康，也是我们个人成长和社会适应的关键。如果我们对自己是积极的看法，我们可能会更加自信，更愿意尝试新事物。但如果我们对自己是消极的看法，可能会感到焦虑或者沮丧。因此，了解和改善自我知觉对于促进个体的整体福祉至关重要。

### 小贴士

自我知觉是我们内在世界的镜子，它反映了我们对自己的认知和评价。老子曾说过："知人者智，自知者明。胜人者有力，自胜者强。"通过不断地自我探索和自我反思，我们可以更好地理解自己，实现自我成长和发展。

需要注意的是，个体在自我评估时普遍存在偏差。美国心理学家迈克尔·威廉姆斯曾经做过一个实验，他找到25位彼此熟识的被试者，他们之间比较了解各自的优缺点。

威廉姆斯请每个人分别根据文雅、幽默、聪明、爱交际、讲卫生、美丽、自大、势利、粗鲁总共 9 个标准，对包括自己在内的所有人排名次。例如谁最幽默，谁最粗鲁……也就是说，每一个人都要对自己和其他 24 个人进行评价。

统计结果显示，这 25 个人身上都有不同程度的夸大优点和掩饰缺点的倾向。

该实验表明，人们在评价自己的优缺点时，常常会高估自己的优点并低估自己的缺点，体现了自我服务偏差的普遍性。这种偏差在社会心理学中是一个重要的研究领域，揭示了人们如何在社会互动中维护自尊和自我形象。

## 6.5　自我概念

自我概念是心理学中一个核心的概念，它指的是一个人对自己的看法和认识，包括对自己的能力、外貌、性格、价值观、目标以及其他个人特征的认识。自我概念是一个人自我认同的基础，影响一个人的行为、情感和动机。

从孩童时期的自我探索，到成年后的个性塑造，自我概念伴随着我们成长的每一步。它影响着我们的行为选择，决定着我们与世界互动的模式。一个积极的自我概念，能让我们自信地面对挑战，勇敢地追求目标；而一个消极的自我概念，则可能导致自我怀疑和逃避现实。

自我概念的形成是一个复杂的过程，它受到家庭、教育、社交环境以及文化背景等多方面因素的影响。父母和老师的期望、同龄人的评价、社会的标准，都在无形中塑造着我们的自我形象。在这个过程中，我们也学会了如何通过与他人的比较来评估自己，这种社会比较既可能成为自我提升的动力，也可能导致自我价值的贬低。

然而，自我概念并非一成不变。随着生活经历的丰富和自我反思的深入，我们的自我认识也会逐渐发展和调整。有时，一次失败的体验或一次成功的挑战，都能让我们对自己有新的认识。重要的是，我们要学会客观地看待自己，接受自己的优点和不足，保持自我概念的灵活性和成长性。

值得注意的是，自我概念与心理健康之间存在着密切的联系。一个积极的自我概念有助于我们建立稳定的自尊心，更好地应对生活中的压力和挑战。相反，一个消极的自我概念则可能导致焦虑、抑郁等心理问题。因此，了解和培养积极的自我概念，对于维护个人的心理健康至关重要。

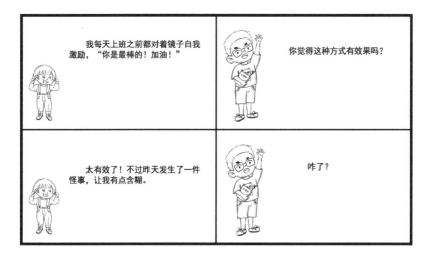

🛩 **小贴士** -------------------------------------------------------------

　　黎巴嫩作家纪伯伦在《先知》中提道："自我乃是一片无边无际的海。"这句话描绘了自我概念的深度和广度，暗示了我们内在世界的无限可能性。所以，通过探索和肯定自己的内在价值，有助于促进个人成长。

1972 年，心理学家贝芙莉·阿姆斯特丹（Beulah Amsterdam）进行了一项著名的实验，即镜子测试。这项实验旨在检查婴儿自我概念的形成。

研究者在婴儿的鼻子上贴上小红点，然后将他们放在镜子前。通过观察婴儿的反应，研究者们发现，婴儿在大约 20～24 个月大时，开始能够认出镜子中的自己，并会指着自己鼻子上的红点。这表明婴儿此时已经形成了自我概念，能够区分自我与他人。

这项实验不仅揭示了婴儿自我认知的发展过程，还表明自我认知的程度与智商发展有一定的关联。

# 6.6　行为疗法

心理学中的行为疗法，以其独特的治疗手段和显著的疗效，为众多心理障碍患者带来了康复的希望。它是一种以学习和环境因素为基础，通过改变不良行为模式来促进心理健康的心理治疗方法。

行为疗法的核心思想是：不良行为是学习得来的，因此也可以通过学习来改变。这意味着，如果我们能够识别并改变那些导致不良行为的环境因素和学习机制，我们就能够帮助个体发展更健康的行为模式。

在行为疗法中，治疗师首先会对患者的行为进行详细地评估，找出问题行为的触发因素和维持机制。然后，治疗师会与患者一起设定具体、可测量的治疗目标，并制订个性化的治疗计划。这些计划通常包括一系列的行为改变技术，如系统脱敏、暴露疗法、行为塑造、消退等。

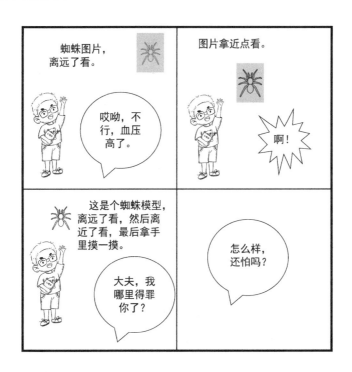

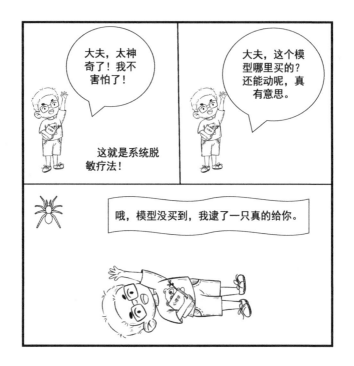

系统脱敏是一种渐进的暴露过程，帮助患者面对并克服恐惧和焦虑。例如，一个患有蜘蛛恐惧症的人，会在治疗师的指导下，逐步接触蜘蛛的图片、视频，甚至是真实的蜘蛛，直到他们的恐惧反应大大减轻。

暴露疗法则更侧重于让患者面对和处理创伤性记忆，以减轻或消除创伤后应激障碍（PTSD）的症状。通过在安全的治疗环境中重现创伤经历，患者能够学会处理和整合这些痛苦的记忆。

行为塑造和消退是两种常用于改变儿童不良行为的治疗技术。行为塑造是通过强化接近目标行为的小步骤，帮助儿童逐步发展期望其出现的行为。而消退则是通过停止对不良行为的强化，减少该行为的发生。

此外，行为疗法还包括认知行为疗法，它不仅关注行为的改变，也关注认知模式的改变。通过帮助患者识别和挑战不合理的认知，认知行为疗法能够促进更深层次的行为和情绪改变。

✈ **小贴士** ┈┈┈┈┈┈┈┈┈┈┈┈┈┈┈┈┈┈┈┈┈┈┈┈┈┈┈┈┈┈┈┈┈┈┈┈┈┈┈┈┈┈

行为疗法是一种以实证为基础，灵活多样的心理治疗方法。它通过改变不良的行为和认知模式，帮助个体建立更健康的生活方式和应对策略，从而提高生活质量。无论是面对焦虑、抑郁、强迫症，还是 PTSD 等心理障碍，行为疗法都能为患者提供有效的帮助和支持。

与行为疗法有关的心理学实验很多，其中最著名的包括巴甫洛夫的狗实验、斯金纳的老鼠实验、班杜拉的儿童模仿实验、系统脱敏疗法实验。

┈┈┈┈┈┈┈┈┈┈┈┈┈┈┈┈┈┈┈┈┈┈┈┈┈┈┈┈┈┈┈┈┈┈┈┈┈┈┈┈┈┈┈┈┈┈┈┈┈┈┈┈┈┈┈┈┈┈┈┈

## 6.7　记忆重构

记忆重构是心理学术语，它揭示了我们回忆过去时所发生的奇妙变化。这不仅仅是一个简单的回望，而是一个动态的、创造性的过程，我们的记忆在这一过程中被不断地更新和重塑。

想象一下，你正在回忆去年的一次美好假期。当你闭上眼睛，那些画面、声音和感觉似乎又重新回到了你的身边。但有趣的是，对这次假期的每次回忆，细节都不尽相同。这正是因为我们的记忆并非一成不变的录像，而是像一幅画布，每次回想都是一次新的创作。

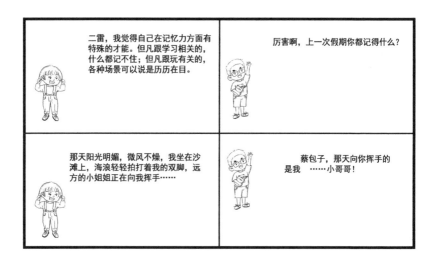

记忆重构的过程受到许多因素的影响。我们的情绪状态就是一个重要的调节器。如果我们心情愉快，可能就会回忆起更多积极的经历；而当我们情绪低落时，那些不太愉快的记忆可能就会浮现出来。此外，我们的信念和知识也在不断地塑造着我们的记忆。随着时间的推移，我们可能会根据自己的价值观和理解来重新解释过去的事情。

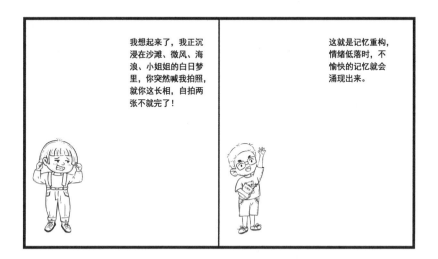

社会环境对我们的记忆重构也有着不可忽视的影响。朋友和家人分享的故事，媒体上的信息，甚至是文化背景，都可能成为我们重构记忆时的参考。有时候，我们可能会将别人的经历误认为是自己的，或者将自己的经历与他人的故事混淆。

在法律领域，记忆重构的概念尤为重要。目击者的证词对于案件的判决至关重要，但他们的记忆也可能随时间而改变，这就要求我们在评估证词时需更加谨慎。

然而，记忆重构并不总是负面的。在心理治疗中，治疗师会帮助患者以更积极的方式来重构他们的记忆，从而克服过去的创伤和痛苦。

✈ **小贴士** -------------------------------------------------------------------------------

记忆重构是一个复杂而又神奇的过程，它表明我们的记忆具有可塑性和创造性。王家卫在电影《重庆森林》中通过角色之口说："每个人都有一个习惯，我的习惯是每天睡觉前看一段过时的日历。"通过了解记忆重构，我们可以学会更加宽容地看待自己的回忆，也更加理解他人的故事。

有关记忆重构的心理学实验很多，其中英国心理学家弗雷德里克·巴特利特（Frederic Charles Bartlett）的"幽灵实验"较为知名。该实验旨在探索人类记忆的本质和重构过程。

在实验中，巴特利特要求参与者阅读一个名为"幽灵战争"的美洲原住民民间故事，故事中某些情节并不符合西方文化逻辑。故事讲完之后，参与者被要求立即复述故事，然后在不同的时间间隔内多次重复这个过程。

实验结果显示，每一次复述，参与者的记忆都在发生变化。他们倾向于根据自己的经验、认知、文化背景等因素阐述故事，从而让故事更加符合自己的预期，这就导致他们口中的故事与原始版本相差越来越远。

之后，巴特利特又进行了一系列实验，并提出了"图式理论"（Schema Theory），强调记忆并非被动记录事件，而是主动构建和重组信息的过程。

# 6.8　感觉剥夺

感觉剥夺是一个心理学术语，它描述了一种特殊的状态，即当人们被剥夺了大部分或全部的外部感官输入时，心理和生理上可能发生的变化。

比如当你置身于一个没有任何光线、声音，触觉也几乎无法感知的环境，你的世界会变得完全不同。在这样的环境中，你的视觉、听觉和触觉等感官被大大限制，这就是所谓的感觉剥夺。

感觉剥夺的实验通常用于研究大脑如何处理感官信息。科学家们发现，当人们处于这种状态时，可能会出现一系列心理效应，包括焦虑、幻觉、注意力难以集中，甚至思维紊乱。这些效应可能会让人感到不适，甚至恐慌。

长期的感觉剥夺还可能对大脑的某些功能产生影响。例如，它可能会影响人的感知能力、注意力和记忆力。但是，感觉剥夺也可以作为一种治疗手段，如漂浮疗法，它通过限制外部刺激，帮助人们减轻压力和焦虑。

在极端环境下，如长时间的隔离或在没有外界刺激的密闭空间中，人们可能会经历感觉剥夺。宇航员、潜艇兵和极地探险者就是可能面临这种情况的群体。他们需要通过特别的训练和掌握相应策略来应对这种挑战。

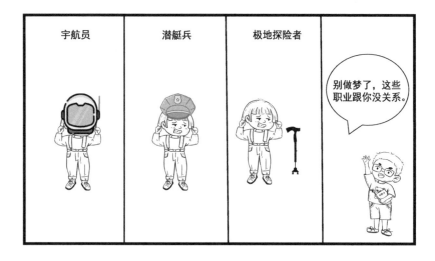

尽管感觉剥夺可能会带来不适，但它也可以是一种文化和艺术实践。例如，在冥想或感官剥夺空间中，人们可能会自愿经历感觉剥夺，以寻求精神上的体验和自我发现。

每个人的感觉剥夺体验都是独特的。有些人可能更容易产生负面效应，而有些人则可能更容易适应这种状态。一旦感觉感官输入恢复，人们通常需要一段时间来重新适应正常的感官刺激。

✈ **小贴士**

感觉剥夺揭示了我们对外部世界的依赖，以及当这种依赖被剥夺时，我们的心理和生理可能发生的变化。贝多芬曾说过："苦难是人生的老师，通过苦难，走向欢乐。"可即使在感觉剥夺这样极端的苦难中，我们也能学到宝贵的一课，可以因此变得更加坚强。

1954 年，加拿大蒙特利尔海勃实验室的心理学家海勃进行了一项感觉剥夺实验。参与实验的是一群学生，他们被安排在隔音的小房间内，除了听觉之外，被试者还被限制视觉与触觉刺激，可以说几乎完全隔绝外界的感觉刺激。

尽管报酬丰厚，但几乎没人可以坚持三天以上。实验显示，短时间内被试者即表现出烦躁、注意力不集中的情况，长时间后则有出现幻觉、身体机能下降等症状。实验结束后，被试者会出现一系列病理心理现象，包括出现错觉、情绪不稳定、紧张焦虑、注意力涣散、思维迟缓。此外，被试者更容易受到外界暗示，还表现出头痛、乏力等神经症状。

该实验揭示了感觉对人类心理和行为的重要影响，强调丰富多样的外界环境对智力和情绪发展的必要性。一些父母过度限制孩子的感官体验，使孩子缺乏外界刺激，这很容易导致孩子思维闭塞，心智不健全。

# 6.9　意识和潜意识

　　意识和潜意识是心理学中的两个核心概念，它们共同构成了我们心智的复杂结构。意识就像是我们大脑中的前台工作人员，负责处理我们现在正在做的事情。而潜意识则像后台的工作人员，虽然我们看不见它们，但它们一直在那儿，悄悄地帮助我们做事，影响着我们的感觉和行为。

　　意识是我们与外界互动的桥梁，让我们能够有意识地做出决策和行动。例如，当你决定阅读这篇文章时，是你的意识在发挥作用，它让你意识到自己的选择，并指导你的行动。

　　然而，潜意识的力量同样强大，尽管它不总是处于我们的直接控制之下。潜意识储存了我们的记忆、习惯和情感反应，它影响着我们的行为和偏好。例如，你可能发现自己在特定情境下会不由自主地感到紧张或快乐，这些情感反应往往根植于你的潜意识。

　　现代心理学研究表明，潜意识可以通过多种方式被激活。例如，通过催眠、梦境分析或艺术创作，人们可以探索和理解自己的嘿嘿嘿，小姐姐。

这个也是小姐姐，你为什么不乐了？

这个是英语老师！

潜意识内容。此外，潜意识也被认为是创造力的源泉，许多艺术家和科学家都报告说，他们的创新想法往往在不经意间从潜意识中涌现。

意识和潜意识之间的相互作用是复杂而微妙的。意识可以指导我们有目的地行动，而潜意识则为我们提供了深度和丰富性。两者之间的平衡对于心理健康和个人成长至关重要。

在日常生活中，我们可以通过正念冥想、自我反思和创造性活动来增强意识和潜意识之间的联系。通过这些实践，我们可以更好地了解自己的内在世界，解锁潜能，并促进个人发展。

📎 小贴士

意识和潜意识是我们心智的两个重要组成部分，它们相互交织，共同塑造了我们的思想、情感和行为。心理学家卡尔·荣格曾说："你未觉察到的潜意识决定着你的人生，你却将其称之为'命运'。"通过探索和理解意识和潜意识这两个概念，我们可以更深入地认识自己的复杂性，并学会利用潜意识的力量来丰富我们的生活体验。

潜意识的力量到底有多强大？ 1946 年，美国加州某监狱进行了一次"滴血实验"，研究员宣布将对一名囚犯处以极刑，方法是割开手腕让鲜血滴尽而死。随后，实验者将囚犯眼睛蒙住，双手反绑，用手术刀的刀背划手腕（未割破），同时用水滴声模拟血滴声。

实验结果令人震惊，囚犯在巨大恐惧中认为自己正在流血，最终死亡，而实际上他并未流出一滴血。事后检查发现，囚犯身体的所有反应与大量失血的症状一致。

---

# 6.10　习得性无助

习得性无助是一个心理学术语，这一概念源自对动物行为的研究，描述了个体在反复遭遇无法控制的负面事件后，逐渐形成的一种被动、无助的心理状态。

在经典的习得性无助实验中，心理学家塞利格曼将狗置于一个特殊的装置中，这个装置会在一定时间间隔内给予狗电击。起初，狗会尝试逃跑，但随着时间的推移，它们发现自己无论如何都无法逃避电击，便逐渐停止了尝试。即使后来将它们放置在可以轻易逃避的环境中，这些狗也不再尝试逃跑。

这种现象在人类中同样存在。当个体面临连续的失败或挫折，尤其是在他们认为自己无法控制这些情况时，可能会产生一种无助感。这种感觉会导致他们对新情境的适应能力下降，甚至在新情境中对本可以控制的结果也选择放弃尝试。

从今天开始进行为期30天的数学竞赛，每天一道数学题，难度循序渐进，答对的有奖，答错的晚上留下来补课。

二雷，你想让我陪你下班回家，你就直说！

今天是数学竞赛的最后一天，题目非常简单，根据每个人的水平量身定制。

二雷，今天我还是留下来补课吧，主要是怕你一个人回家孤单。

习得性无助不仅影响个体的行为，还可能对心理健康产生负面影响。长期的无助感可能导致抑郁、焦虑等心理问题，影响个体的日常生活和社会功能。

但是，习得性无助并非不可逆转。心理学家研究发现，通过增强个体的控制感和自我效能感，可以帮助他们克服无助感。例如，通过训练个体识别和改变消极思维模式，或者在安全的环境中给予他们适度的挑战和成功体验，可以逐步恢复他们的控制感和自信心。

在日常生活中，我们可以通过积极的心态和行动来预防习得性无助的形成。面对困难和挑战时，保持乐观的态度，相信自己有能力应对和改变不利局面，是避免陷入无助感的关键。同时，社会支持和鼓励也对个体克服习得性无助具有重要作用。

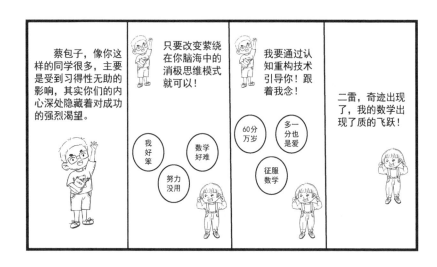

| | | | |
|---|---|---|---|
| | 怎么样，终于摆脱数学魔咒了吧？ | 是的，我已经不是年级倒数第一了！ | |
| | 恭喜，现在数学水平处于什么位置？ | 我现在是班级倒数第一！ | |

📨 **小贴士**

　　为什么农民用一根小木桩就能拴住一头几百斤重的大水牛？难道水牛的力气不足以挣脱木桩吗？

　　这是因为水牛在小时候已经多次尝试挣脱木桩，但是都失败了，逐渐习得了无助感，即使成年后能够轻易挣脱木桩，它们也不再尝试了。

　　这就是习得性无助，了解了这个心理学现象之后，每个人都应该避免掉入习得性无助的漩涡。

# 第 7 章

# 人性的 AB 面：揭秘
# 经典的心理学实验

## 7.1　阿希从众实验：人性的软弱与盲从

20 世纪 50 年代某日的史瓦兹摩尔学院，布告栏前人头攒动。一张"参与视觉测试，有机会赢得额外学分"的公告，像磁石般吸住学子们的目光。

心理学教授阿希早已在教室备好玄机——两张卡片静卧桌案：一张上面画着一条笔直的黑色线段，另一张上面则是三条线段，长度各异。

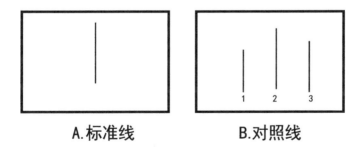

A.标准线　　　　　　B.对照线

实验开始前，被选中的学生们陆续走进教室，他们中的一些人互相点头示意像是在密谋着什么。阿希教授微笑着迎接他们，分好组后，将他们安排在半圆形的座位上，每个人都能清楚地看到展示的卡片。

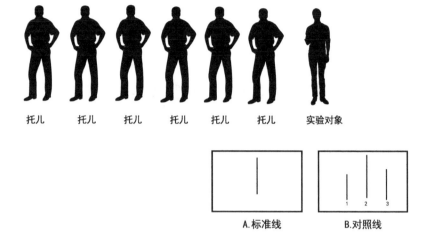

托儿　　托儿　　托儿　　托儿　　托儿　　托儿　　实验对象

A.标准线　　　　　　B.对照线

　　首轮测试波澜不惊。对比过标准线后，众人异口同声指认最长线段。"太简单了。"汤姆心中暗想，却未察觉前排六人的眼底闪过一丝诡谲的默契。

　　第二轮风云突变。当阿希举起相同的三线卡，前六人不约而同高喊"3 号"。汤姆瞳孔震颤，喉结在晨光中滑动，手指几乎要攥破卡片边缘。他分明看见 2 号线比标准线长出半截，可此起彼伏的"3"声如魔咒般在教室回荡。

　　随着实验的继续，阿希教授的同盟们一次又一次地给出了错误答案。汤姆开始怀疑自己的判断。他环顾四周，试图从其他参与者的眼神中寻找答案，但他们每个人都显得十分自信。

　　"该你了，汤姆。"阿希的提示像发令枪。少年在七双眼睛的注视下，听见血液在耳膜轰鸣。他张了张嘴，背叛理智的音节脱口而出："3 号。"解脱与懊悔同时漫过心脏，像涨潮时破碎的浪花。

实验结束后，阿希教授揭开了真相。在 6 名"托儿"精心编织的谬误之网下，数据是这样的。

平均从众率：35% 的真被试在至少一次判断中跟随错误答案

高频从众者：15% 的真被试在 75% 以上的判断中从众

完全独立者：25%-33% 的真被试全程未从众（保持正确答案）

阿希教授指出，许多人在面对群体压力时，即使明知正确答案，也会选择从众。他们害怕成为"异类"，害怕被排斥，这种恐惧超越了对真理的追求。

这就是著名的"阿希从众实验"，也被称为"三垂线测试"。这个实验告诉我们，即使是最简单的判断，也可能在群体的影响下变得复杂。我们每个人都可能在群体压力下妥协，但也有可能勇敢地站出来，坚持自己的真理。

那么，在下一次群体狂欢的十字路口，你会如何抉择呢？

## 7.2　分类实验：一场震撼心灵的种族歧视实验

1968 年，民权领袖马丁·路德·金被杀后，教师简·艾洛特深受震撼，于是在她所教的三年级班上，进行了一次为期两天的"蓝眼睛／棕眼睛"分类实验，来研究种族歧视和偏见问题。

实验的第一天，简老师神秘地走进教室，手里拿着一份名单。她告诉孩子们，今天他们将根据眼睛的颜色被分为两个小组：蓝眼睛组和棕眼睛组。孩子们好奇地互相打量，不知道自己的眼睛颜色将如何决定他们这一天的命运。

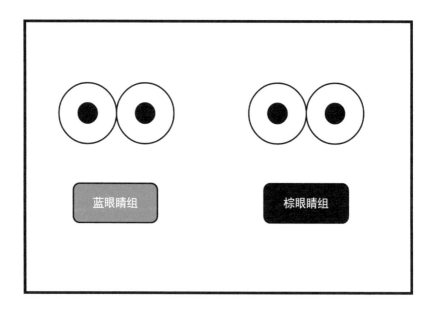

实验开始，蓝眼睛的孩子们被告知，他们是"优秀"的小组，可以享受更多特权；而棕眼睛的孩子们则被贴上了"平庸"的标签，他们的待遇明显差一些。

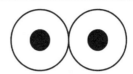

蓝眼睛组           棕眼睛组

"优秀"                  "平庸"

- 更长的休息时间
- 优先选择玩具
- 午餐时排在队伍前面

- 坐在教室最后面
- 不能和蓝眼睛的孩子一起玩
- 被迫佩戴一条丑陋的衣领作为标记

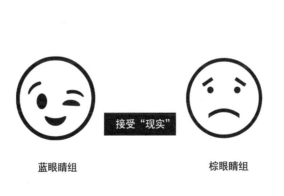

接受"现实"

蓝眼睛组                  棕眼睛组

起初，孩子们感到困惑和不安。但随着时间的推移，他们逐渐开始接受这个新的"现实"。蓝眼睛的孩子们变得自信满满，甚至开始对棕眼睛的孩子们产生了优越感。而棕眼睛的孩子们则变得沉默寡言，他们的眼中失去了往日的光彩，上课的积极性也在不断下降。

简老师再次走进教室，她宣布了一个惊人的消息：昨天的分组完全是错误的。今天，蓝眼睛的孩子们成了"平庸"的小组，而棕眼睛的孩子们则成了"优秀"的小组。角色的互换让原本自信满满

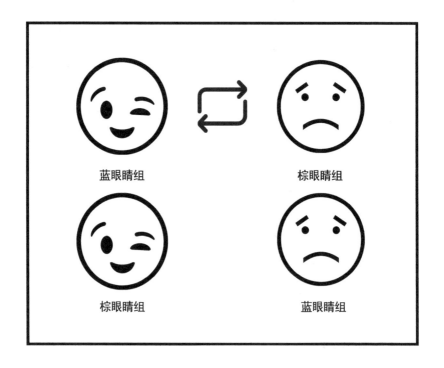

蓝眼睛组　　　　　　　　棕眼睛组

棕眼睛组　　　　　　　　蓝眼睛组

的孩子们感到了前所未有的沮丧和自卑，而昨天还备受歧视的孩子们则突然变得趾高气扬。

实验结束后，简老师告诉孩子们，这个世界上的每个人都是平等的，没有人应该因为眼睛的颜色、肤色或任何外在的特征而被歧视。这次实验让孩子们深刻体会到了被歧视的滋味，也让他们明白了尊重和平等的重要性。

简·艾洛特的分类实验展示了偏见和歧视如何在人群中形成，并影响个体的行为和自我认知。

美国心理学家霍华德·索尔·贝克尔（Howard Saul Becker）介绍说，人一旦被贴上某种标签，就会成为跟标签一样的人，这就是标签效应。

孩子们由于年纪小，非常信任老师和家长的话，因此很容易受到标签效应的影响。这时负面标签会给孩子带来非常糟糕的影响，而正面标签则会带来积极影响。

心理学中还有一个"皮格马利翁效应"，又称"罗森塔尔效应"，或者是"人际期望效应"，即当你对某人形成某种期望时，这种期望可能会以某种方式影响对方的行为或结果，使得对方的行为或结果符合你的期望。尤其是对待孩子，一定要以积极的、正面的态度，去激发他们的潜能和积极性。

## 7.3　波波玩偶实验：永远不要考验人性，因为暴力是会"传染"的

20 世纪 60 年代的一天，斯坦福大学的心理学实验室里，阿尔伯特·班杜拉教授正忙着准备一项特别的实验。他的目标是用实验来探索孩子们如何通过观察和模仿来学习行为，尤其是那些具有攻击性的行为。这就是著名的波波玩偶实验（Bobo Doll Experiment），也称为不倒翁实验、攻击模仿实验。

实验室内，一个色彩鲜艳、造型可爱的不倒翁被放置在房间的中央。实验开始后，活泼可爱的孩子们被邀请到实验室，班杜拉教授将他们分为三组，每组将经历不同的实验场景。

第一组的孩子们被带入房间，他们看到了一个成年人对不倒翁拳打脚踢的攻击行为，同时伴随着愤怒的言语。在场的孩子们都被眼前的这一幕惊呆了。

第二组的孩子们进入房间，看到的则是一个成年人静静地坐在不倒翁旁边，正在用温和的语气和它交谈，并轻轻地抚摸它。房间

里充满了平和与友爱的气氛。

第三组的孩子们进入了一个没有成年人的房间，不倒翁静静地站在那里，仿佛在等待着孩子们的决定。

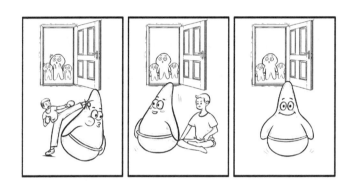

在观察了一段时间后，所有的孩子们被带到了同一个房间，里面摆放着各种玩具，包括那个不倒翁。而班杜拉教授和他的团队在幕后静静地观察着，记录着孩子们的每一个动作。

实验结果正如班杜拉教授所预料的，第一组的孩子们开始模仿他们所看到的攻击性行为：他们推倒不倒翁，甚至使用房间里的其他玩具作为"武器"。第二组的孩子们则温柔地对待不倒翁，他们的行为充满了爱心和关怀。而第三组的孩子们则表现出了不同的行为，有的模仿攻击，有的表现出温柔，这取决于他们的天性和之前的观察。

班杜拉教授的"不倒翁实验"不仅揭示了孩子们如何通过观察和模仿来学习行为，更重要的是，它展示了社会环境和成年人行为对孩子们的深远影响。这个实验成为了心理学史上的一个经典，它提醒我们所有人，我们的每一个行为都可能会被孩子们模仿。

# 7.4 地铁站前的小提琴手：不经意间，我们错失了太多美好

一个寒冷的清晨，在华盛顿特区的朗方广场地铁站，上班族们像往常一样匆匆穿行。在地铁站无人注意的角落里，站着一位男士，他穿着一件不起眼的外套，戴着顶旧鸭舌帽，地上放着一顶口朝上的帽子，被误认为是一位普通的街头艺人。

这位男士正是约夏·贝尔，世界级的小提琴大师，手里拿着的，是一把价值连城的斯特拉迪瓦里小提琴。他轻轻搭弓上弦，随着第一个音符的响起，地铁站内的空气似乎凝固了一瞬。

但奇迹并没有如预期般上演。匆匆的行人，有的投下零星的硬币，有的连头也不回地擦肩而过。约夏·贝尔的琴声在地铁站的喧嚣中，显得有些孤单和微弱。

一位中年男子在琴声中放慢了脚步，他的目光在贝尔和匆匆的人流间游移，似乎内心在考虑是否停下来欣赏，但最终，他还是加

快了步伐，消失在了人潮中。一位女士在投入硬币后，甚至没有多看一眼，就继续前行。

时间一分一秒地过去，约夏·贝尔的演奏如同晨曦中的露珠，美丽而短暂。孩子们被琴声吸引，停下了脚步，他们的眼睛里闪烁着好奇和惊喜。但父母们却像看不见这份美好，急匆匆地拉着孩子们的手，将他们从音乐的魔力中拽离。

45 分钟的演奏时间转瞬即逝，约夏·贝尔收起了小提琴，站起身来，他的目光在地铁站内扫过，他看到的，是匆匆的背影和漠然的脸庞。他微微一笑，似乎对这个结果并不意外。

《华盛顿邮报》的记者在一旁静静观察着这一切，他们记录下了这场实验的每一个细节。实验结束后，他们在报纸上提出了几个问题，这些问题像重锤一样击打在每个读者的心上：我们是否还有能力在喧嚣中发现美？我们是否愿意为美好驻足？我们是否会在不经意间错过生活中的天才？

这场实验，让我们不禁反思，在这个快节奏的时代，我们是否已经忘记了如何去欣赏、去感受、去发现生活中的美好。也许，下次当我们再次路过街头艺人时，我们会放慢脚步，聆听那或许能触动我们心灵的音乐。

这场实验发生于 2007 年美国华盛顿的地铁站，十几年前发生在美国的事，如果在今天的中国会是怎样的情景？我们会不会像当时的美国人一样匆匆赶路，错失身边的美好呢？

## 7.5 斯坦福监狱实验：这可能是心理学历史上最危险的实验

在 1971 年的斯坦福大学，心理学家菲利普·津巴多教授，带着对人性的好奇和探索之心，将大学地下室改造成了一个模拟监狱，一场不同寻常的实验悄然拉开序幕：这个模拟监狱没有真正的罪犯，没有真正的狱警，只有一群普通的大学生，他们即将在接下来的两周内，体验一场前所未有的角色扮演游戏。

第一天清晨，24 名志愿者陆续到达。他们中有未来的律师、医生、教师，甚至心理学家。津巴多教授用随机的方式，将他们分为两组：一组成为"囚犯"，另一组则穿上了"看守"的制服。

实验的第二天，平静被打破。囚犯们开始抗议，他们拒绝穿上统一的服装，有的甚至撕掉了身上的编号。看守们迅速采取行动，他们用强硬的手段维持秩序，甚至不惜使用权力的极限。夜晚，看守们在黑暗中吹响哨子，让囚犯们在冰冷的地板上做俯卧撑，以此来验证自己的权威。

随着实验的持续开展，到了第三天囚犯们的反抗情绪愈发高涨，他们中的一些人开始策划越狱。然而，看守们早有准备，他们用灭火器喷射囚犯，甚至不惜动用极端的手段来维持监狱的秩序。囚犯们的心理防线开始崩溃，有人开始哭泣，有人甚至出现了精神崩溃的迹象。

到了实验第四天，囚犯和看守的角色越来越深入人心。囚犯们开始接受自己的身份，他们的眼神中透露出无助和绝望。而看守们则更加自信，他们的行为越来越专横，甚至开始享受这种控制他人的权力。

实验进行到一半，津巴多教授开始意识到实验的危险。他看到囚犯们的痛苦，看守们的残忍，内心开始挣扎，他问自己：为了一个实验，这一切真的值得吗？然而，实验一旦开始就无法停止，每个人都在这场实验中越陷越深。

就在实验进行到第六天时，一位名叫克里斯蒂娜·马斯拉奇的研究生走进了地下室。她被眼前的景象震惊了，囚犯们的无助，看守们的残忍，这一切都超出了她的想象。她强烈抗议这个实验，津巴多教授最终意识到了实验的伦理问题，决定立即终止实验。

实验结束后，所有参与者聚集在一起，分享了他们的经历和感受。囚犯们谈到了他们所经历的恐惧和无助，看守们则反思了自己的行为。津巴多教授在反思中意识到，即使是最普通的人，在特定的社会环境和角色期望下，也可能表现出意想不到的行为。

这个著名的心理学实验被称为斯坦福监狱实验，不仅是一次对人性的探索，更是一次对权力、道德和社会角色的深刻反思。它告诉我们，环境和角色可以极大地影响一个人的行为，甚至改变一个人的本性。

## 7.6 米尔格拉姆实验：权威之下的反思

在20世纪60年代的一天，耶鲁大学一位名叫斯坦利·米尔格拉姆的年轻心理学家，正坐在他凌乱的办公室里，眉头紧锁地思考着一个问题：人们在权威面前会屈服到什么程度？这个念头像一颗种子，在他心中生根发芽，最终长成了一个大胆的实验计划——米尔格拉姆服从实验。

为了实验，米尔格拉姆精心设计了一则广告，承诺参与者将获得一笔不菲的报酬。广告一经发布，便吸引了众多好奇的市民。他们中有教师、售货员、工程师，甚至还有退休老人。每个人都怀着不同的目的，却即将踏入同一个未知的实验。

实验当天，参与者们被带到了耶鲁大学的一个老旧的地下室。这里被布置成了一个充满科技感的实验室，墙上挂着各种仪器，中央摆放着一台神秘的电击发生器，旁边是一张印有从"轻微电击"到"极度危险"的电压表。

每位参与者都被告知他们将通过抽签决定自己是"教师"还是"学生"。然而，这只是实验的一部分戏剧性安排，实际上每位真正的参与者都被安排成了"教师"，而"学生"则是由演员扮演的。

实验开始了，教师们被告知，如果学生回答问题错误，他们需要给予电击作为惩罚。随着电压的逐渐增加，隔壁房间的"学生"开始发出逼真的尖叫和呻吟。一些教师开始犹豫，他们的手开始颤抖，额头上渗出了汗珠。

每当教师表现出犹豫，穿着白大褂的实验人员就会冷静地命令他们继续。他们的语气中透露出不容置疑的权威，仿佛在说："这是为了科学，你必须继续。"教师们在内心深处挣扎，他们在良知和对权威的服从之间产生了激烈的冲突。

实验中，一些教师在达到某个电压点时坚决拒绝继续，他们宁愿放弃报酬也不愿意违背自己的道德底线。然而，令人惊讶的是，仍有大部分教师在权威的命令下，一步步将电压调至最高，尽管他们的脸上写满了痛苦和不安。

实验结束后，米尔格拉姆向所有参与者揭示了实验的真相。一些人感到释然，而另一些人则陷入了深深的自责。米尔格拉姆静静地观察着他们的反应，情绪复杂。

在第一次电击实验后，米尔格拉姆还进行了 19 次变体实验，每次改变一个社会心理学变量，观察它对被试服从程度的影响。

结果显示：在某些情境下，大部分人会完全服从，而在另一些情境下，大部分人都能够抗拒权威的压力。

在实验过程中，群体的盲从性也暴露无遗，如果被试看到其他人服从了，那么服从比率会上升到90%以上；而被试如果看到其他人进行了反抗，服从比率就会降低到不足10%。

绝对的权威，导致绝对地服从。米尔格拉姆实验之后，很多科研人员分别在不同的场景之下进行多次验证。结果表明，在缺乏权威的场景下，例如一个普通人发号施令，服从率会下降至20%；而如果在高度权威的场景下，例如在普林斯顿大学实验室，且试验对象为中学生的情况下，服从率则高达80%！

人性是经不起考验的，社会群体中，能够在权威的压力之下保持清醒认知的人只是极少数。

斯坦利·米尔格拉姆的服从实验，是心理学史上的一个经典实验，它不仅挑战了人们对人性的传统认知，也引发了对权力、道德和个人责任的深刻反思。

# 7.7　费斯廷格的认知失调实验：每个人都是骗子

在斯坦福大学的一间很普通的实验室里，心理学家利昂·费斯廷格正忙碌地准备着他的下一个实验。实验室门口的墙上挂着一块牌子，上面写着"参与即有报酬"，吸引了许多好奇的学生前来报名。他们不知道，自己即将参与的实验将会成为心理学史上的经典案例。

费斯廷格精心设计了一项任务，这项任务枯燥到几乎让人难以忍受：参与者需要将一组螺母不断地放入一个托盘，清空后再重新装满，如此反复。接着，他们还要把一排排的小木钉顺时针转动四分之一圈，一遍又一遍。

被选中的参与者们陆续到达，他们中有的满怀期待，有的则是出于赚取额外零花钱的目的。报名的时候，费斯廷格告诉他们，这项实验是为了研究"行为测量"。

实验开始了，参与者们开始了他们看似无休止的重复动作。他们的表情从最初的好奇逐渐转变为无聊，再到烦躁。实验室里充满了木头敲击和螺母叮当声，气氛变得越来越沉重。

就在参与者们以为实验即将结束时，实验者走了进来，提出了一个意外的请求。他们被告知，由于实验的需要，他们必须对下一个"参与者"撒谎，说这些枯燥的任务实际上非常有趣。

一些参与者被给予了 1 美元的报酬，而另一些人则得到了 20 美元。这个报酬的差异，将会在接下来的环节中发挥关键作用。

大多数被试在得知需要撒谎后，尽管内心感到矛盾，但还是按照要求完成了撒谎的任务，并接受了他们对实验任务真实感受的访谈。

那些只得到 1 美元的参与者在撒谎后，为了减轻认知失调带来的不适感，更倾向于调整自己的态度，认为实验任务其实并没有那么无聊，从而减少了认知失调的程度。

而那些得到 20 美元的参与者，则较少感受到认知失调，因为他们认为自己的撒谎行为是出于金钱的驱使，而非内在态度的改变。

这个实验就像一颗重磅炸弹，在心理学界引起了巨大的震动。它揭示了一个深刻的真理：当人们的行为与内心的态度不一致时，为了减少心理上的不适，他们可能会改变自己的态度以适应行为。而当有足够的外部理由来解释行为时，这种态度的改变就不会发生。

人们总是试图解释自己的思维和行为，在认知失调的情况下，每个人都可能成为骗子。

认知失调是由美国心理学家利昂·费斯廷格提出的社会心理学理论，用认知的观点解释态度与行为之间的关系。当态度与行为之间存在不一致的情况时，会令人感到不适，这时人们就会想方设法降低不适感，往往是通过撒谎、找借口、转移注意力等方式。举个例子，对于烟民来说，虽然很清楚吸烟有害健康，却无法狠心戒烟，于是便安慰自己，抽烟患癌率很低，周围高寿的人很多都抽烟，老张 95 岁了，每天三包烟，身体好着呢……这些都属于认知失调的表现。

认知失调理论表明，你可能没有自己声称或者想象中那么诚实，为了支持自己的看法，即便是在不道德的情况下，人们依旧会迅速地调整价值体系，以适应自己的标准。

搞清楚这个理论是非常重要的，可以帮助你避免犯下严重的错误，即相信自己的谎言。

# 7.8　好撒马利亚人实验：当你站在人性的镜子前

1973 年，心理学家约翰·达利和 C·丹尼尔·巴特森在普林斯顿神学院策划了一场不同寻常的实验。他们想要探究宗教信仰是否会影响一个人在帮助他人这方面的行为习惯，于是设计了一个巧妙的实验方案，被称为"好撒马利亚人实验"。

实验的地点选在了安静的校园内，一条小巷被选作实验的主要场景。实验团队精心设计了一个瘫倒在小巷中的路人，这位"路人"是团队成员扮演的，他的任务是尽可能逼真地表现出需要帮助的样子。

参与者是神学院的学生，他们被告知需要参与一项关于布道准备的实验。学生们被随机分配到两个不同的组别，一组要讲述"好撒马利亚人"的故事，另一组则讲述就业机会问题。

学生们被告知他们需要尽快到达布道的地点，因为时间紧迫。他们被派往不同的路线，而所有路线都会经过那个有瘫倒路人的小巷。

当学生们匆忙地穿过校园时，他们中的每一个人都经过了那个瘫倒的路人。这个路人躺在地上，表情痛苦，似乎在向周围人寻求帮助。

隐藏的观察员仔细记录了每个学生的反应：他们是否停下来提供帮助？他们是否匆忙走过，视而不见？

结果出人意料。那些准备讲述"好撒马利亚人"故事的学生并没有因为故事的教育意义而更愿意停下来帮助。实际上，是否停下来帮助的决定更多地取决于他们是否匆忙。只有 10% 赶时间的学生选择停下来提供帮助，即使他们即将布道的主题是关于援助的重要性。

实验结束后，达利和巴特森与学生们进行了深入的讨论，探讨了他们行为背后的原因。学生们的反应五花八门，有的人表示他们没有意识到路人需要帮助，有的人则认为会有其他人停下来提供帮助。

这场实验在心理学界和社会各界引起广泛的讨论和思考，提醒我们在忙碌的生活中，我们可能会错过帮助他人的机会，也让我们思考如何在日常生活中实践我们的信仰和价值观。

实验结果表明，外部因素会在决策和道德层面扮演着更重要的作用，例如"好撒玛利亚人"实验中的外部因素就是时间。在该实验中，63% 的不赶时间的参与者选择出手帮助，而只有 10% 赶时间的参与者选择了帮助。

你可能一直认为自己是一个善良的人，但在他人需要的关键时刻是否会伸出援手？很多时候并不取决于你的主观意愿，而是取决于外部因素。

上述实验还涉及一个心理学概念"旁观者效应"，在下一个实验会讲到，在"好撒玛利亚人"实验中，有些学生认为其他人会提供帮助，自己则不愿意停下来。

## 7.9　旁观者效应：人们为什么会见死不救

让我们回到 1964 年 3 月 13 日深夜，纽约市皇后区，基蒂·吉诺维斯（Kitty Genovese）在她经营的酒吧营业结束后返回公寓的途中，遭遇了残忍的袭击。在长达半小时的袭击过程中，据最初报道，有 38 个人目睹了这一行为，但最终只有一个人报了警，基蒂不幸失去了生命。这一事件震惊了整个社区，也引起了心理学家的关注，从而促成了"旁观者效应"（bystander effect）这一社会心理学现象术语的诞生。

心理学家约翰·达利（John Darley）和比伯·拉坦纳（Bibb Latane）被这起悲剧所触动，他们开始研究紧急情况下帮助行为的社会心理学。他们发现，当旁观者数量增加时，任何一个人提供帮助的可能性反而会降低，反应时间也会延长。这种现象被称为"旁观者效应"，它描述了在紧急情况下，人们因为他人的在场而降低提供帮助的可能性。

在普林斯顿大学心理学系，约翰·达利和比伯·拉坦纳于1968年开展了心理学界著名的烟雾房间实验。

实验中，被试们被要求坐在房间里填写问卷，而实验者暗中通过通风孔向房间内释放了烟雾。

实验分为几个不同的情境。

当被试独自一人在房间时，有75%的人在平均2分钟内就报告了烟雾的情况，显示出了反应的迅速。然而，当房间里有三人时，报告率降低到了38%。

在另一个情境中，当被试与两个实验者的"托儿"一起在房间时，这些"托儿"被指示在烟雾出现时保持平静并继续填写问卷，结果只有10%的被试选择报告烟雾情况。

这个实验结果揭示了一个重要的心理现象——责任扩散。当一个群体中的成员越多，个体采取行动的责任感就越少，因为每个人都认为其他人会采取行动或者认为应该由其他人而不是自己来采取行动。

实验还展示了社会影响的力量。在不确定性的情况下，人们倾向于观察他人的行为来决定自己的行动。如果周围的人没有采取行动，个体可能也不会采取行动，因为他们从群体中获取的暗示是情况并不紧急。

实验还发现，即使在明显需要帮助的情况下，如有人假装摔倒或表现出身体不适，如果其他旁观者没有行动，个体也可能会迟疑不决，甚至完全不采取行动。

在另一项癫痫实验中，约翰·达利和比伯·拉坦纳请来了 72 名学生作为实验参与者，并把他们分为二人组和六人组。

在实验过程中，有人突发癫痫，急需帮助。实验结果如下。

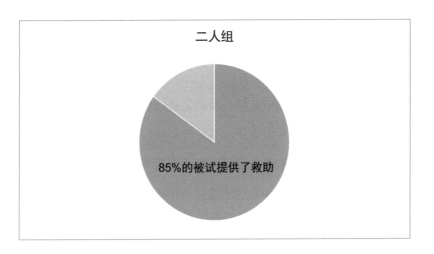

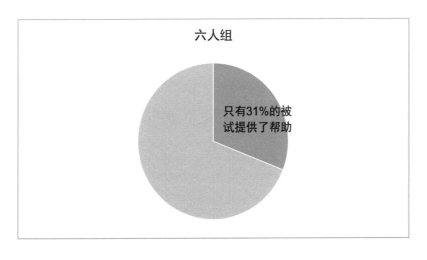

二人组中，85% 的被试提供了救助；而六人组中只有 31% 的被试提供了帮助。此外，二人组采取行动的平均反应时间不到一分钟，而六人组则接近三分钟。

人们为什么会无动于衷、见死不救？难道真的是人性太过冷漠？并不完全是这样，人们的行为还会受到旁观者效应的影响。我们只有更好地了解这些心理机制，才能在其发生时对其进行有效控制。

为了克服旁观者效应，第一步就是进行自我觉察。之后需要学会在紧急情况下勇于承担责任，不受他人行为的影响。

基蒂·吉诺维斯遭遇的悲剧，以及旁观者效应的研究，至今仍然在电影、书籍、音乐和心理学教科书中被讲述，提醒我们反思人性和社会行为，以及如何在关键时刻做出正确的选择。